黄芪
实用栽培技术

HUANGQI SHIYONG ZAIPEI JISHU

闫梅霞 郭 靖 朴向民 主编

中国科学技术出版社
·北 京·

图书在版编目（CIP）数据

黄芪实用栽培技术 / 闫梅霞，郭靖，朴向民主编 . —北京：中国科学技术出版社，2017.6

ISBN 978-7-5046-7486-9

Ⅰ.①黄… Ⅱ.①闫… ②郭… ③朴… Ⅲ.①黄芪－栽培技术 Ⅳ.① S567.23

中国版本图书馆 CIP 数据核字（2017）第 092684 号

策划编辑	王绍昱	
责任编辑	王绍昱	
装帧设计	中文天地	
责任校对	焦　宁	
责任印制	徐　飞	

出　　版	中国科学技术出版社	
发　　行	中国科学技术出版社发行部	
地　　址	北京市海淀区中关村南大街16号	
邮　　编	100081	
发行电话	010-62173865	
传　　真	010-62173081	
网　　址	http://www.cspbooks.com.cn	

开　　本	889mm×1194mm　1/32	
字　　数	73千字	
印　　张	4.25	
版　　次	2017年6月第1版	
印　　次	2017年6月第1次印刷	
印　　刷	北京威远印刷有限公司	
书　　号	ISBN 978-7-5046-7486-9 / S・652	
定　　价	14.00元	

本书编委会

主 编

闫梅霞　郭　靖　朴向民

编著者

闫梅霞　郭　靖　朴向民

于　营　张　瑞　金银萍

张　浩　崔丽丽　李亚丽

主 审

郭　靖

Contents 目录

第一章
概 述

黄芪，原名黄耆，又名元芪，是一味重要的传统中药，在我国已有两千多年的应用历史，被称为"补气固表之圣药"，被历代医学家认为是补药之长。黄芪是我国最常用的大宗药材之一，其性味甘，归脾、肺经，具有补气固表、利尿脱毒、排脓、生肌敛疮、利水消毒的作用，有很高的药用价值。

黄芪首载于我国现存最早的药学专著《神农本草经》，被列为"上品"。最早记载黄芪产地的著作是《名医别录》，其中写道"生蜀郡山谷，白水、汉中，二月十月采，阴干"。陶弘景认为黄耆"第一出晚西挑阳，色黄白，甜美，今亦难得。次用黑水岩昌者，色白，肌理粗，新者，亦甘，温补。又有香陵白水者，色理胜蜀中者而冷补。又有赤色者，可作膏贴用，消痈肿"。《唐本注》中则写道"今出原州及华原者最良，蜀汉不复采用之"。宋朝苏颂在《本草图经》一书中提到"今河东陕西州郡多有之"。元朝王好古在《汤液本草》中写道"绵上即山西沁州，白水在陕西同州，黄耆味甘，柔软如绵，能令人肥"。明朝李时珍在《本草纲目》中记载"耆，长也。黄耆色黄，为补药之长，故名"。清朝的吴其濬在《植物名实图考》中写道"黄耆有数种，山西、蒙古者佳"。民国初年的陈仁山在《药物出产辨》中记载"正耆产区有三处：壹关东，二宁古塔，三卜奎"。

《中华人民共和国药典》（2015版）规定："黄芪为豆科植物蒙古黄芪 *Astragalus membranaceus*（Fisch.）*Bge. var. mongholicus*（Bge.）Hsiao 或膜荚黄芪 *Astragalus membranaceus*（Fisch.）Bge. 的干燥根，春、秋二季采挖，除去须根和根头，晒干。

膜荚黄芪习惯称东北黄芪，蒙古黄芪习惯称蒙古黄芪，目前均广为栽培。但在商品上还有其他5种野生黄芪属植物在各地作为黄芪用，分别是扁茎黄芪、金翼黄芪、唐古特黄芪、梭果黄芪、多花黄芪。

黄芪由于产地不同，又有许多不同的名字，产于山西的黄芪，条短质柔而富有粉性，称绵黄芪或绵芪，是有名的道地药材；产于山西浑源地区的黄芪，称为西黄芪或西芪，又称浑源芪，也是黄芪中的佳品；产于黑龙江、吉林、内蒙古的黄芪，称北黄芪或北芪，皮松肉紧味甘香，品质也很好，在国际市场上很受欢迎；甘肃陇西为新的"黄芪之乡"，所产的黄芪也很有名。

一、黄芪的用途

20世纪50年代之前，黄芪主要用于中医临床调剂，饮片是主要用药形式；随着中成药工业的快速发展，作为中成药和保健品的原料，上升为黄芪的另一重大用途；黄芪多糖冻干粉针、黄芪皂苷注射剂等产品的问世，使得黄芪作为医药原料广泛应用；海外市场和国内食疗养生的兴起，使得以传统道地黄芪为原料的礼品芪如山西炮台芪、冲正芪受到欢迎，适合食疗养生的斜切片、纵切大片芪等需求上升。

随着黄芪用途的多样性拓展和有效成分研究的深入，对药材的外观和切片要求有所降低，对原料药材的选用标准已不再以传统外观性状为主，只要化学成分达到药典规定即可投料，加上野生黄芪的减少，市场上的产品主要为栽培黄芪。

（一）药用价值

黄芪为常用大宗药材，是许多复方和中成药的重要成分，临床上广泛用于治疗循环、呼吸、消化、内分泌和神经系统等疾病，黄芪新剂型也已广泛用于临床。黄芪注射液是在临床上应用较多的药物，在呼吸系统疾病如慢性阻塞性肺疾病、肺心病、哮喘等疾病治疗中临床应用较多，效果显著。黄芪桂枝五物汤在临床上治疗糖尿病周围神经病变、颈椎病、肢体麻木、产后病、头部疾病等均取得良好的效果。但是临床对黄芪的应用仍处于初级阶段，黄芪制剂的安全性、生物活性成分等问题还需进一步深入研究。

以黄芪为原料的中成药达 200 多种，如黄芪注射液、参芪颗粒、芪蛭通络胶囊、北芪片、参芪消渴胶囊、参芪膏、参芪十一味颗粒、复芪止汗颗粒、十全大补丸等。

蒙古黄芪和膜荚黄芪根部的主要有效成分为多糖类、

三萜皂甙类、黄酮类等，此外还含有氨基酸和微量元素等，2 种黄芪地上部分的主要有效成分为黄酮类。

近代药理研究证明黄芪生药或浸膏均具有如下作用：①提高免疫功能，调节免疫系统增加人体免疫力。②加强心脏功能，保护心肌，降低血压。③增强造血功能，降低血液黏度，减少血栓形成，增加血流量。④延长细胞寿命，增强细胞代谢，延缓细胞老化，清除自由基，抗氧化，抗衰老。⑤利尿，消除尿蛋白，降低血糖，增强肾功能。⑥镇静，巩固记忆，改善脑部微循环。⑦加强消化，促进肝细胞再生，保护肝脏。⑧抗菌、抗病毒。⑨抗疲劳作用，增加能量、抗突变、保肝、抑制破骨细胞。⑩防癌抗癌，这与黄芪中的硒含量高有关，黄芪中硒的含量高于大蒜和蘑菇，硒可以防止过氧化氢和氧化脂质对细胞的损害，其抗氧化效力比维生素 E 高 500 倍。

（二）食用价值

黄芪食用方便，可煎汤、煎膏、泡水、浸酒、入菜、做粥等，是百姓经常食用的滋补品。民间更是流传着"常喝黄芪汤，防病保健康"的顺口溜。说明经常用黄芪煎汤或泡水喝有良好的防病保健作用。黄芪以补虚为主，常用于体衰日久、言语低弱、脉细无力者。有些人一遇天气变化就容易感冒，中医称为"表不固"，可通过服用黄芪来改善，从而避免经常性的感冒。食疗组方有黄芪建中汤、黄芪补肺饮、黄芪桂枝五物汤、当归黄芪乌鸡汤、参芪大枣粥、黄芪山地粥等。

黄芪性味甘、微温，阴虚患者服用会助热，易伤阴动血；而湿热、热毒炽盛的患者服用容易滞邪，使病情加重。如果必须服用黄芪，一定要配伍运用。

二、资源分布与药材生产

（一）资源分布

黄芪属豆科、黄芪属，是多年生深根性草本药用植物，别名绵芪、绵黄芪。黄芪属植物全世界共有 11 亚属，2 000 余种，分布于北半球、南美洲及非洲，稀见于北美洲及大洋洲。我国有 8 亚属、278 种、2 亚种、35 变种及 2 变型，南北均产，其中簇毛黄芪亚属主产于我国。药用黄芪主要分布于黄芪亚属、华黄芪亚属、簇毛黄芪亚属、裂萼黄芪亚属和密花黄芪亚属等 5 个亚属。

黄芪的品种繁多，除蒙古黄芪和膜荚黄芪之外，黄芪的同属近缘植物还有秦岭黄芪、短花梗黄芪、阿克苏黄芪、紫花黄芪、梭果黄芪、小金黄芪、广布黄芪、新单蕊黄芪、单蕊黄芪、西太白黄芪、沙基黄芪、祁连山黄芪、灌县黄芪、长萼裂黄芪、天山黄芪、黄花黄芪、木里黄芪、黑紫花黄芪、多花黄芪、窄翼黄芪、大花窄翼黄芪、樟木黄芪、边向花黄芪、莲花山黄芪、东俄洛黄芪、光东俄洛黄芪、小花黄芪、长齿黄芪、黄汉黄芪、云南黄芪等，这些黄芪在我国四川、云南、新疆等地也作为黄芪的代用品入药。

膜荚黄芪主要分布于我国黑龙江、吉林、辽宁、内蒙古、河北、山东、山西、陕西、宁夏、甘肃、青海、新疆、四川及云南等地。蒙古黄芪主要分布在我国吉林、河北、山西和内蒙古等地。

膜荚黄芪的分布从川西北的横断山脉，向北进入黄土高原，向东北进入秦岭，经华北山地，东北东部山地和朝鲜北部山地及远东地区，折向西进入东北的大小兴安岭、东西伯利亚达乌里地区的山地，经蒙古北缘山地，至新疆的阿尔泰山，最西达哈萨克斯坦东缘的山地，可以认为是东亚北部—西伯利亚南部山地分布种，这一分布区域正处于西伯利亚南部寒温性针叶林带和东亚夏绿阔叶林带，是一个典型的森林带分布种。

蒙古黄芪的分布北至大兴安岭南部山地的南端，南达山西中部的关帝山，西以黄河为界，最西达内蒙古的大青山西部，东至太行山北部和燕山山脉，为华北北部山地分布种，亦为我国特有种。这一分布区域主要处于华北山地阴坡生长森林、阳坡生长草原的景观，是一个森林草原带分布种。

蒙古黄芪和膜荚黄芪的分布区虽然有所重叠，但还是存在着明显的地理替代分布现象，膜荚黄芪分布在蒙古黄芪外围的森林带，蒙古黄芪则分布在里面的半湿润和半干旱的森林草原带和草原带。

（二）药材生产

1. 药材产区变迁 20 世纪 50 年代以前的很长一段时期均可视为黄芪野生资源期，其野生和半野生资源基本能满足需求，且质量能保证，主流品种为蒙古黄芪。此期间，不同时代黄芪的道地产区存在由西部向中东部迁移的变化轨迹，清代以来，山西、内蒙古是蒙古黄芪的道地产区，东北三省是膜荚黄芪的道地产区。

20世纪50年代以来，由于黄芪需求量的快速增加，野生和半野生黄芪资源不能满足药用需求，我国开始大规模人工种植黄芪，最初由药材公司按区域计划生产中药材，随着计划经济向市场经济转变，按区域计划生产中药材的模式被打破，中药材种植转变为市场导向下的药农自主种植，期间大致经历了3个阶段，并由此带来黄芪主产区和药材质量的变化。

第一阶段为20世纪50年代初到80年代中期，此阶段黄芪在药材公司布局规划下种植。蒙古黄芪主产区为山西北部浑源、应县、繁峙、代县、五寨等基地，内蒙古南部固阳县、武川、乌兰察布市、鄂伦春旗、锡林郭勒盟、通辽市；膜荚黄芪主产区为四川松潘、茂汶县，黑龙江宁安、嫩江，陕西旬邑，甘肃陇西、宕昌、岷县。栽培方式为仿野生栽培，即种子直播于宜芪坡，让其自然生长，粗放管理，也称半野生栽培，黄芪生长年限较长，药材性状与野生品相似。

第二阶段为20世纪80年代中后期到2000年，此阶段为无序生产期。蒙古黄芪在主产区山西无序生产，产量大起大跌，在1990年出口受阻伤农，种植面积持续萎缩；主产区内蒙古的无序生产与山西相似；传统黄芪生产区受到重创，种植面积急剧下降；甘肃成为蒙古黄芪的新产区。

膜荚黄芪产区很多，甘肃蒙古黄芪仍占主导地位，但山西、陕西、内蒙古传统蒙古芪生产回升；河北1年生栽培膜荚黄芪快速下降，山东1年生膜荚芪位居其首，成为新产区，东北膜荚芪有所下降，但仍保持相对稳定的种植面积。

第三阶段为2000年到现在，栽培黄芪以蒙古黄芪资源量最大，占总资源量80%，其次为膜荚黄芪，野生黄芪很少，野生蒙古黄芪濒临枯竭，很少能找到成片的野生黄芪，几乎无商品。

2. 主产区 膜荚黄芪、蒙古黄芪是我国主要栽培种。蒙古黄芪是膜荚黄芪的变种。膜荚黄芪主根深长，条直粗壮，少有分支。蒙古黄芪主根长而粗壮，根条顺直。

栽培黄芪经过几十年的发展，形成蒙古黄芪、膜荚黄芪2个新主产区。蒙古黄芪新主产区包括甘肃、陇西等地，栽培模式为2年生平地育苗移栽；膜荚黄芪新主产区包括山东文登等地，栽培模式为1年生直播黄芪。

目前，我国已形成传统道地产区与新产区并存的格局，蒙古黄芪主产区有西迁趋势，膜荚黄芪有南移的动向。蒙古黄芪的现代主产区甘肃的产量明显超过山西和内蒙古，但基本与历史记载的传统产区相符；而膜荚黄芪的新产区山东、河北等地却与道地产区东北三省相差较远，所生产的黄芪药材质量也有待系统评价。

3. 生产基地 栽培黄芪的生产基地主要集中在我国长江以北大部分地区，如河北、山西、内蒙古、黑龙江、吉林、辽宁、河南、山东、甘肃、青海和宁夏等省、自治区。

全国人工栽培黄芪留存面积约有5万公顷，其中年产黄芪10万千克以上的有山西浑源、应县、代县、繁峙，内蒙古固阳，河北沽源、安国；10万千克左右的有河北行唐、顺平、张北，内蒙古乌拉特前旗、伊金霍洛、准格尔、达拉特、土默特、赤峰、翁牛特，黑龙江林口，河南灵宝，陕西绥德等。

三、生产经营模式

（一）家庭联产承包经营

家庭联产承包经营是农户以家庭为单位，向集体组织承包土地等生产资料和生产任务的农业生产责任制形式。该模式是党的十一届三中全会以来为改变人民公社"一大二公"的生产经营模式的弊端而确立的生产经营模式，一定程度上调动了农民生产积极性。但是，这种条块分割的小规模生产方式不利于现代农业的发展。

（二）家庭种植农场

家庭种植农场是以家庭成员为主要劳动力，从事农业规模化、集约化、商品化生产经营，并以农业收入为家庭主要收入来源的新型农业经营主体。该模式克服了小生产的弊端，有利于实现规模经营和集约经营，有效提高了农业生产效率和经济效益，有利于广泛采用现代农业生产技术，实现农业机械化和信息化，有利于增加农民家庭收入，有利于造就现代职业农民。

（三）农民专业合作社

农民专业合作社是按照《中华人民共和国农民专业合作社法》规定，在农村家庭承包经营基础上，同类农产品的生产经营者或同类农业生产经营服务的提供者、利用者，自愿联合、民主管理的互助性经济组织。通过提供农产品的销售、加工、运输、贮藏及与农业生产经营有关的技术、信息等服务来实现成员互助目的，从成立开始就具有经济互助性。其拥有一定组织架构，成员享有一定权利，同时承担一定责任。

（四）中药材基地共建共享联盟

规范化、规模化的现代中药工业需要以规范化、规模化的现代中药农业为基础。中药工业企业应成为引导中药材规模化、规范化种植的主体，但让一家企业建立自己所需要的全部药材生产规范化基地也是不现实的。建立中药材基地共建共享联盟旨在将中药工业骨干企业的中药材资源需求聚集到目前规范化、规模化、组织化基础较好、又有发展前景的道地产区药材生产企业，共建共享现代中药农业资源基地。

四、市场前景及栽培效益

（一）市场前景

黄芪是我国著名的常用滋补中药材和传统大宗出口商

品，以黄芪为原料的中成药有250多种，远销东南亚、欧洲、美洲、大洋洲和非洲各国。目前，传统地道黄芪主产地山西、内蒙古、河北北部的野生资源所剩无几，野生黄芪濒临灭绝，所剩边远零量野生黄芪产量已无法形成批量，远远不能满足市场需求。因此，黄芪供应从靠野生资源采挖为主，变成为目前的人工栽培为主。

近十几年来，以黄芪为主要原料的新药和保健品又增加了许多，在2003年我国发生"非典型肺炎"时期，黄芪作为预防非典型肺炎的配方药，用药量大增，市场需求量大，也刺激了黄芪的人工种植。随着世界范围回归自然呼声的日益强烈，中医中药防病治病倍受青睐，国际市场对黄芪需求量大增，同时质量的要求也越来越高，发达国家进口中药检验的指标多并且严格，符合其要求的高质量黄芪供不应求。

（二）种植效益

人工栽培黄芪的周期一般为2～3年，由于化学肥料用量少和田间管理较简单，因此在市场稳定的情况下，经济效益还是可观的。发展黄芪生产首先要选择适宜的栽培环境，其次是适当使用化肥、农药。

种植黄芪的投入包括土地（土地类型一般为平原土地或山林地等），购置整地、运输、收获机械，购买种子、种苗、肥料、雇佣劳动力等。产出主要是黄芪根、种子。每年的实际收入常常因市场供求关系而变化，如果供过于求，市场价格就会降低，收益也会降低，因此黄芪栽培一定要以市场需求为导向来确定适宜栽培面积。

黄芪基地生产建议按国家中药材生产 GAP 操作规程指导黄芪生产，把优质、绿色放在黄芪生产的首位，以高品质黄芪生产为目标。

种植黄芪的经济效益概算如下：

1. 投入 按 667 米^2（1 亩）计，需黄芪种苗 50 千克，种苗价格按 20 元/千克，计 1 000 元；翻地费为 100 元；需要 3 个人工，按每个人工资 80 元，计 240 元。每年生长周期内 9 个月锄草需要 5 个人工，按每个人工开支 80 元，需 400 元。需要施化肥 1 袋，约 200 元，农家肥约 500 元。10 月秋收，需要 12 个工，每个工约 100 元，需 1 200 元。合计需要投入成本 3 440 元。

2. 产出及收益 每 667 米^2 可收鲜货 800 千克，每千克鲜货平均售价约 7.0 元，可获产值 5 600 元，减去成本后收入大约为 2 200 元。

鲜黄芪 2 千克加工干货 1 千克，那么，每 667 米^2 产干货约 400 千克，售价为 20 元/千克，产值为 8 000 元，如果农民自己晾晒加工，除去成本收入在 4 560 元左右。

如果收黄芪种子，每 667 米^2 可收种子（以 3 年计）20～40 千克，售价 50～100 元/千克，种子产值在 1 000～4 000 元。如果种植者具备机械和人工，可省去翻地及用工费用，收入将会更高一些。

第二章
黄芪植物学形态与生物学特性

一、植物学形态

黄芪属深根类植物，多散生，在群落中不为优势种，喜生长在向阳坡地、开阔稀疏的灌木林中及沟边、林间草地上。在野生黄芪生长的植被群落中，人工干涉黄芪播种比自然更新的群落扩散面积大，植株数目多。

黄芪的品种众多，本书主要介绍膜荚黄芪和蒙古黄芪。

（一）膜荚黄芪

多年生草本植物，植株高 50～150 厘米，最高可达 2 米，主根粗大深长，圆柱形，木质化，灰白色，有少数分支，外皮淡褐色，内部黄白色，长可达 0.3～1 米，粗 1～3 厘米。

栽培膜荚黄芪的根在不同的土壤类型中，会发生变化，主要有 4 种类型，鞭杆型，直根系型，二叉型，鸡爪型。茎挺直，有槽，上部多分支。

茎有毛或光滑，颜色有绿色和红色 2 种，因此有 4 种类型：绿茎光滑、绿茎有毛、红茎光滑、红茎有毛。

小叶椭圆形至长圆形，或椭圆状卵形至长圆状卵形，长7～30毫米，宽3～12毫米，先端钝、圆或微凹，有时具小刺尖，基部圆形，上面近无毛，下面伏生白色柔毛；托叶卵形至披针状条形，长5～15毫米。幼苗期第一真叶为三出羽状复叶，互生，托叶披针状条形，长6～10毫米，有毛，小叶椭圆形，先端微凹，叶缘和叶片上下表面均有毛；当长至5叶期时，变为具5小叶的奇数羽状复叶，茎逐渐变为红褐色，密被白色长柔毛，小叶矩圆形，先端近圆形；当长至成年植株时，羽状复叶具小叶13～17枚，小叶长7～10毫米，宽3～10毫米；奇数羽状复叶，小叶13～31片，长5～10厘米，叶柄长0.5～1厘米。

花为总状花序，腋生或顶生，通常有花10～20余朵；总花梗与叶近等长或较长，至果期显著伸长；花萼钟状，长5～7毫米，被黑色或白色短毛，萼齿5个；花冠黄色至淡黄色，或有时稍带淡紫色；子房有柄，被疏柔毛。

荚果膜质，膨鼓，半卵圆形，一侧边缘呈弓形变曲，果皮膜质，稍膨胀，荚果长20～30毫米，宽8～12毫米，顶端具刺尖，顶端有短喙，基部有长柄，伏生黑色短柔毛，两面被黑色或黑白相间的短柔毛。种子3～8粒，肾形，两侧扁，棕褐色或褐色，种皮表面有斑纹，光滑，革质，电镜下种皮纹饰为复网状，细纹多，网眼规则，网壁曲状且薄；种脐心形，白色，脐唇呈网状，种孔近长条形，较窄，种子一侧稍有凹陷，种脐在凹口处。

花期7～8月份，果实成熟期8～10月份。

（二）蒙古黄芪

多年生草本，株高明显比膜荚黄芪低矮。

主根粗长，顺直，圆柱状，长度一般为40～100厘米，根头部直径1.5～3厘米，表皮淡棕黄色或深棕色，稍木质化。

茎直立，幼茎淡绿色，茎上被稀疏短柔毛，高40～100厘米，上部多分支，有棱，具长柔毛。

奇数羽状复叶，互生，小叶25～37枚，宽椭圆形或长圆形，长5～10毫米，宽3～5毫米，先端稍钝，有短尖，基部楔形，全缘，上面无毛，下面疏生白色伏毛。托叶披针形，长6毫米左右。幼苗期第一片真叶为三出羽状复叶，但第二真叶变为具5小叶的奇数羽状复叶，互生，托叶披针形，小叶椭圆形，先端微凹，叶缘及叶片上下表面疏被短柔毛；当长至5叶期时，小叶增至7枚，茎逐渐变为黄褐色，但不及膜荚黄芪粗壮，被稀疏白色短柔毛；当长至成年植株时，羽状复叶具小叶25～37枚，小叶矩圆形，顶端微凹，长5～10毫米，宽3～5毫米。

总状花序腋生，有花10～25朵，排列疏松；小花梗短，生黑色硬毛；苞片线状披针形；花萼筒状，长约5毫米，萼齿5个，有长柔毛；花冠黄色至淡黄色，蝶形，长18～20毫米，旗瓣长圆状倒卵形，无爪，先端微凹，翼瓣及龙骨瓣均有爪；雄蕊10枚，二体；子房有柄，光滑无毛，花柱无毛。

荚果膜质，无毛，膨鼓，光滑无毛，有显著网纹，卵状长圆形，长20～25厘米，宽11～15毫米，先端有短喙。种子宽肾形，两侧扁，黑褐色或褐色，种皮表面具黑色斑纹，光滑，革质，长2.4～3.4毫米，电镜下种皮纹饰两侧处为皱褶状。种子5～6粒，肾形，黑色。

花期6～7月份，果期7～9月份。

膜荚黄芪与蒙古黄芪共同点：花皆为黄色或黄白色。在膜荚黄芪和蒙古黄芪的变异类型居群中也会出现淡紫花，实际为花的旗瓣顶端紫红色，并非旗瓣，翼瓣及龙骨瓣均为淡紫色。淡紫色在膜荚黄芪居群中出现的概率为50%左右，在蒙古黄芪居群中出现的概率为59.3%。

黄芪原植物皆为腋生总状花序：小花为典型的蝶形花，花瓣5枚，分离，上面1枚位于最外方且最大，称旗瓣；侧面2枚较小，称翼瓣；最下面2枚最小，顶端部分常联合，并向上弯曲，称龙骨瓣。二体雄蕊，花中雄蕊的花丝连合成2束，总共有10枚雄蕊，其中9枚连合，1枚分离。

蒙古黄芪和膜荚黄芪的主要区别：蒙古黄芪，小叶较多，下面密生短茸毛；托叶披针形；花黄色至淡黄色；子房及荚果均光滑无毛。膜荚黄芪，小叶较少，下面伏生白色柔毛；托叶卵形至披针状线形；花梢带淡紫色；子房和荚果均被柔毛。

蒙古黄芪和膜荚黄芪的形态特征见图2-1至图2-3。

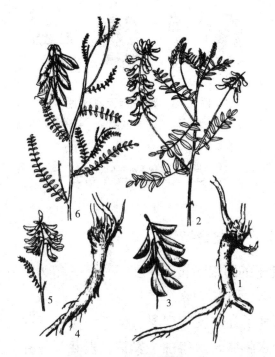

图 2-1　黄芪原植物图

1～3. 膜荚黄芪（1. 根　2. 花枝　3. 果枝）

4～6. 蒙古黄芪（4. 根　5. 花枝　6. 果枝）

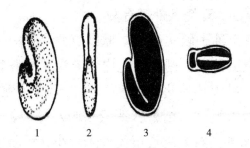

图 2-2　膜荚黄芪种子图

1～2. 种子外形　3. 种子纵切面　4. 种子横切面

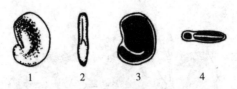

图2-3　蒙古黄芪种子图

1～2.种子外形　3.种子纵切面　4.种子横切面

二、生物学特性

（一）生长发育特性

1. 种子的特性　黄芪主要以种子繁殖为主，黄芪种子小，种脐小，种皮厚实。

黄芪种子存在硬实现象。种子硬实是指种皮坚硬，种子不易吸水膨胀，阻碍种子发芽，发芽不整齐。黄芪种子硬实，即使在适当的萌发条件（适宜的温度、湿度等）下，也不能吸胀萌发。黄芪种子硬实率较高，有的硬实率高达50%。硬实的形成与种子大小、种皮结构、种皮成分、成熟度、采收期、环境条件等有关。

造成黄芪种子硬实的主要原因有两个：一是黄芪种皮的栅栏组织层较厚，栅栏细胞内含有大量果胶物质，在干燥条件下，果胶物质迅速脱水变性，形成了致密组织层，因其难于吸水复性，结果就造成了吸水障碍，5 小时吸水膨胀仅达 10%左右。二是黄芪种子较小，种脐也较小，且结构紧密，阻碍了种子对水分的吸收。

黄芪种子的硬实与种子成熟度、采收期的关系：随着种子成熟度的提高硬实率有随着增加的趋势，凡种皮呈黑色，牙咬很硬者即为成熟过度；一般种皮呈黄褐色、中等成熟度的种子硬实率稍低，为成熟度适宜的种子。采摘过早，硬实率低，但种子太嫩，种子内营养物质积累不足，不利萌发；采收过晚，硬实率过高，不利于种子萌发。

黄芪种子的硬实与种皮的关系：种皮含有蜡质、油脂和果胶质，在成熟过程中，如果遇到高温干旱条件，种子就十分容易脱水，使种皮硬化，造成种子硬实，种子失去了吸水膨胀的能力，进一步增强了硬实现象。

黄芪种子硬实与种子结构的关系：黄芪种子结构紧密，阻碍种子萌发过程水分吸收，造成硬实。

黄芪种子的生命力保持期为 3 年，随着时间的延长，发芽率会逐渐降低。由于黄芪种子硬实，即使当年收获的黄芪种子自然发芽率也很低，在栽培时，应采取必要的措施，打破其硬实性，一般采用沙搓和硫酸处理。

2. 根的生长　蒙古黄芪与膜荚黄芪根的形态有明显区别。

1 年生蒙古黄芪根呈圆柱形。上下粗细无明显区别，且无二级分支，为明显的鞭杆形，当年根长可长至 30～35 厘米，但较细，茎基部直径 0.2～0.3 厘米。根表面淡黄色，有纵皱纹和横的皮孔，质地柔韧，不易折断。

1 年生膜荚黄芪根呈圆锥形，上粗下细，一般也没有二级侧根，当年根长可长至 25～30 厘米，茎基部直径可达 1 厘米，根表面为黄褐色或黑褐色。

1 年生蒙古黄芪和 1 年生膜荚黄芪的根头部横断面也

不相同。膜荚黄芪根头部横断面白色，木部黄色；蒙古黄芪皮部黄白色，木部呈黄色，界面不明显；根中下部横断面，均呈现白色，木部黄色，菊花心明显。

2年生蒙古黄芪，根头部膨大，表面呈灰褐色，根可长至60厘米，木部比例加大，韧性强，粉性足，根也加粗。在内蒙古和山西栽培者根颜色较浅，但直径较大，最粗可达1～1.5厘米。在黑龙江省栽培者，由于在黑土中生长，根的颜色为褐色或暗褐色，根的直径一般较在内蒙古和山西产的细，直径为0.5～1厘米，木部纤维多，柴性大，干后易折断，粉性差。

2年生膜荚黄芪根的形态会因不同的土壤类型而发生变化，有4种形态：①鸡爪型（鸡爪芪），主根短粗，长度短于5厘米，侧根短而粗，呈鸡爪状；②二叉型，主根短于5厘米，但有2条大小相近的侧根，每条长度超过20厘米，无明显次级侧根；③直根型，主根长度超过30厘米，但侧根发达，长而明显，为典型的直根系；④鞭杆型（鞭杆芪），主根长度超过30厘米，侧根很少且不发达，分支部位低于根茎10厘米，且很细弱（图2-4）。

在栽培种，不同的土壤类型、不同生长年限其根系类型比例也不同。黑土层厚的草甸沼泽土种植的黄芪根长小于黑土层薄的草甸暗棕壤土，鞭杆芪少，直根型根多。因此，在选地时应以黑沙壤土或黄沙壤土为好，不适合的土壤种出的黄芪根形态差，商品质量会受到影响。

3. 茎的生长

（1）蒙古黄芪 播种后，子叶首先出土，在子叶展开

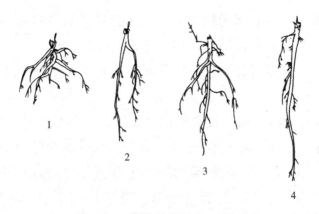

图 2-4　膜荚黄芪的根系类型
1.鸡爪型　2.二叉型　3.直根型　4.鞭杆型

的同时，第一枚真叶开始生长，其小叶为 3 片，有时有 5 片小叶，以后出土的真叶数目增多。至第五枚真叶时，小叶片已经有 11 片，以后生长的真叶小叶片数目逐渐增多。1 年生植株小叶片椭圆形至长圆形，叶片较小，长 6～8 毫米，宽 4～6 毫米，表面绿色，几乎无毛，背面灰绿色，伏生白色柔毛。1 年生茎较幼嫩，当株高生长至 10～15 厘米时，常匍匐于地面，形成平铺茎，这与膜荚黄芪有明显区别。茎有棱，并有白色长柔毛，之后茎随着生长逐渐变圆，表面粗糙，柔毛逐渐脱落，至 10 月上旬开始枯萎死亡。

在当年 7～8 月份即开始形成更新芽发育，至秋季在根茎芪形成 2～8 个更新芽，更新芽白色，长 5～8 毫米。第二年春季，更新芽开始萌动生长，当年 4 月中旬至 5 月上旬（因地区而异），更新芽迅速生长，茎最初为绿色，具长柔毛，以后从基部向上木质化，表面变得粗糙，呈暗红色或黑色，茎上部仍较细弱，长至秋季，在根茎区再次形成更新芽，10月份枯萎。第三年仍可继续生长。

（2）**膜荚黄芪** 1年生膜荚黄芪和1年生蒙古黄芪区别：播种后，子叶先出土，但较蒙古黄芪的子叶大。在子叶展开的同时，第一枚真叶也开始生长，其小叶片为5片，以后逐渐增多，但速度较慢，第五枚真叶的小叶最多可达7片。小叶椭圆形至宽椭圆形，小叶明显比蒙古黄芪的叶片大，长可达16.2～25.9毫米，宽可达10.5～12.8毫米。茎直立，较粗壮，棱角明显，并逐渐生长，当年可长高至60～80厘米，无分支。膜荚黄芪当年就可以开花。茎有红茎、绿茎和有毛、无毛的区别。当年秋季形成更新芽，大多数为2个更新芽，左右各1个。如果当年营养丰富，追施肥料，更新芽可多至8个。膜荚黄芪茎较粗壮，如更新芽过多，第二年茎会有很多的分支，将影响根的分支。

第二年春季，更新芽在适宜的温度条件下，可萌发生长，当年即可长至1～1.5米，并且分支较多，于8月中旬大量开花结实，至10月份枯萎死亡。由于膜荚黄芪的生长期比蒙古黄芪的生长期长，因此在黑龙江省常常在秋季早霜来临时，黄芪的地上部分尚未枯萎，当年秋季在根茎处形成更新芽6～12个，更新芽在根茎的两侧分布或在茎基部散生。

2～3年生膜荚黄芪，茎较粗壮，直径可达0.5～1厘米，木质化程度较高，且枝繁叶茂，茎叶产量较高。

4. 开花结果特性

（1）**蒙古黄芪** 蒙古黄芪在第二年开始开花，花序以主茎直接着生花序为主。花序初期形成时，小花花冠整个包于花萼中，花萼绿色，表面被白色毛，整个花序呈穗状。以后花冠逐渐露出花萼，至开放前呈淡黄色，有的旗瓣和龙骨瓣先端呈粉红色，花药在花开放前，一直不开裂。当繁殖器官成熟后，花絮上的小花梗由基部向上依次开放，首先旗瓣顶部抱合处展开并向外反折，使之与翼瓣、龙骨瓣分离，暴露出花药和柱头，花药风干后随即开裂，授粉过程开始。伴随着受精过程，子房逐渐膨大，花冠逐渐脱落，花萼逐渐变为红色，但宿存，柱头脱落，子房柄延长柄超出萼筒，整个花期 25～30 天。花期为 6～8 月份。于7 月中旬进入果期，荚果初期为绿色，成熟时为棕色。果期持续到 8 月中旬。

（2）**膜荚黄芪**　膜荚黄芪花的生长发育与蒙古黄芪大致相似。但膜荚黄芪是异花授粉。膜荚黄芪的花完全开放后要比蒙古黄芪的花大，长为 14～16 毫米。整个花序排列较紧密，每个花序上的小花数较蒙古黄芪的小花数多，为 20～50 朵。膜荚黄芪开花期明显较蒙古黄芪晚，始花期在 7 月下旬，于 8 月中下旬进入果期，果期可持续到 9月下旬。

（二）物候期

黄芪从播种开始到植株死亡，其物候变化有以下几个时期：第一年为播种期、出苗期、第一真叶期、幼苗期、生长期、枯萎期、休眠期，第二年和第三年包括返青期、生长期、孕蕾期、始花期、盛花期、结果期、枯萎期（收获期）、休眠期。

下面分别介绍 2 种黄芪的物候期特征。

1. 膜荚黄芪

（1）第 一 年

播种期：一般在 4 月下旬至 5 月上旬播种（不同地区时期不同，华北较早，在 3 月下旬至 4 月上旬，东北地区在 4 月下旬至 5 月上旬）。种子播下后，一般种子的出土时间会因发芽势不同而不同。发芽势强的出土时间快，一般需 5～10 天，出土时子叶首先露出，最初为黄绿色，肥厚，以后变绿色，两片椭圆形子叶平铺于地面，两面光滑，脉纹不明显。此时如遇干旱天气，最易受到害虫危害，咬食子叶。

幼苗期：当子叶出土后，胚芽的上胚轴迅速生长，胚芽分化，长出第一枚真叶，第一枚真叶小叶片 3 片，少数有 5 片，一般 10 天以后，长出第二枚真叶，以后真叶的小叶片逐渐增加，一般至第五枚时已有 11～13 枚小叶，再以后小叶数目更加增加。幼苗嫩茎迅速生长，此时期大约需 1 个月。在此期间，一般天气干旱，有时还会有大风天气，幼苗极易受到干旱的影响，如果是幼苗栽培田，可以在苗床上适当灌溉。

生长期：在 5 月下旬开始，膜荚黄芪进入生长期，此时茎秆迅速长高和加粗，最高可长至 1～1.5 米，且有多数一级分支，茎上可具有长茸毛，基部有鳞片状叶，茎的颜色开始有红绿之分，因此出现 4 种颜色的茎：红茎有毛、红茎无毛、绿茎有毛、绿茎无毛。到 8 月中旬，在土壤营养条件较好的地块，会有少量花开放，如在特别肥沃的土壤上种植，当年会大量开花，影响根的生长，因此在选择黄芪的种植土壤时，一定不要选择肥沃的土壤。根在生长期迅速向下生长，一般到 10 月初，即可长至 30～50 厘米，且呈圆锥状；在底层土坚硬的土壤，如白浆土中，黄芪的根仅长至 5～10 厘米，且为短而粗的根，很容易长出鸡爪芪。

枯萎期：膜荚黄芪生长期较长，因此一般在 10 月中下旬才进入枯萎期，地上部分开始枯黄，叶片逐渐脱落。但在东北地区，尤其是黑龙江省，由于霜期来临较早，长春不待黄芪枝叶枯黄，即遭到早霜的危害，茎叶不能枯萎。一年生膜荚黄芪的越冬芽变化较大，很多人认为膜荚黄芪越冬芽较多，但在沙壤土及较贫瘠的土壤中生长的黄芪，有的只有 2 个越冬芽。因此，种植黄芪易选择肥分低的土壤，因为越冬芽过多，第二年枝叶生长果实繁茂会严重影响根的生长，从而使根的质量明显降低。

（2）第二年至第三年

返青期：膜荚黄芪从 5 月中旬开始迅速生长，至 6 月中旬一般可长至 1～1.2 米高，同时大量分支，特别是在较肥沃的土壤中生长的黄芪，枝杈较多。为了促进根的生长，可结合第一次中耕除草，适当去掉一些嫩枝。

孕蕾期：孕蕾是指花蕾形成的时期。膜荚黄芪孕蕾期较长，一般需 20～30 天，从 6 月中旬开始出现花蕾（在华北地区可提前至 6 月初）。此时正值中耕除草期，如不需要保留种子，可人工摘去花蕾。

始花期：黄芪始花期是指花蕾开始开花至有 40% 左右花开放的时期，此期也较长，一般在 30 天左右，在华北地区为 20～25 天。

　　盛花期：黄芪盛花期是指有 70%～80% 的花开放的时期。黄芪为腋生无限总状花序，当下部的花盛开时，上部的花才为花蕾。此时正值高温多雨季节，如植株过密，容易患白粉病。膜荚黄芪小花开放时，长可达 14.5～16.2 厘米，花萼明显。一般 1 个花序有小花 30～50 朵，排列紧密。

　　结果期：至 8 月下旬，黄芪进入结果期，即有 30%～40% 的下部的果实形成。荚果幼时呈半圆形或广椭圆形，扁平，初具白色短毛，以后随着果实的生长，毛逐渐变成黑色，成为黑色短糙毛，长 2～3.5 厘米。荚果初为绿色，待成熟后逐渐膨大成半透明的膜质，颜色也逐渐由绿色转成黄绿色及黄色。由于果实逐渐成熟，因此当下部果实成熟时，上部仍有一些花正在开放，如不及时采收，或等上部果实完全成熟后再采收，下部的果实会因成熟后开裂而使种子散失。黄芪荚果下部种子成熟较早，胚发育较好，质量较高，但由于成熟早，硬实性也大。如不分期采收，常常会造成种子在第二年播种后，出苗不一致。因此，一定要分期采收种子。

　　收获期（枯萎期）：当黄芪长至当年 9 月下旬至 10 月上旬时，可因不同地区的具体情况进行适时采收。东北地区早采收，华北地区可晚一些。如果是第三年收获，此时黄芪进入枯萎期。

　　休眠期：地上部枯萎至第二年返青前为休眠期，一般长达 6～7 个月。秋季随着气温降低、光合作用显著减弱后，叶片开始变黄，地上部枯萎，此时地下部进入休眠，越冬芽已形成。黄芪抗寒力很强，不加任何覆盖即可越冬。如果是第二年，则在第三年春季又进入返青期。

2. 蒙古黄芪

（1）第 一 年

播种期：一般在 4 月上旬至 5 月上旬播种。种子播下后 10～15 天出土，幼苗出土时，子叶和第一片真叶生长情况与膜荚黄芪基本类似。

幼苗期：幼苗生长期与膜荚黄芪相似。但其幼苗多匍匐于地面，形成平铺茎，茎明显比膜荚黄芪细弱，且叶片显著小，一般长 0.5～0.6 毫米，宽 0.3～0.4 毫米。因此，在幼苗期两种黄芪极易区别。

生长期：蒙古黄芪进入生长期以后，茎部开始木质化，茎为圆柱形，表面变得粗糙，但毛较膜荚黄芪小，稀疏分布，近光滑。到了生长后期茎开始直立生长，但高度仅为 30～60 厘米。一般较少开花。

蒙古黄芪在第一年的生长期，根可长至 30～40 厘米，无分支。但在低洼、多水的土壤中，根生长也不良，极易腐烂。根的直径也比膜荚黄芪大。在山西和内蒙古地区，1 年生的蒙古黄芪根直径最大可达 1.0～1.3 厘米。

枯萎期：蒙古黄芪一般在 9 月上旬至 10 月上旬枯萎死亡，尤其在华北地区明显。当年在根颈区可形成 5～8 个越冬芽，一般对生在根颈区的基部，两侧各 3 个芽，中间的芽明显大于两侧的越冬芽。

（2）第 二 年

返青期：第二年春季，于3月下旬至5月上旬，当地温达到5～10℃时，越冬芽萌发生长，最初为白色，以后逐渐膨大，出土前，尖端红色。

生长期：在5月上旬，蒙古黄芪地上部分开始生长，茎最初为绿色，有长柔毛，中空。以后随着生长，茎基部开始木质化，茎的颜色加深呈暗绿色，粗糙而近光滑，直立。但上部的茎仍较细弱，多下垂，甚至仍呈匍匐状而互相搭压。

孕蕾期：蒙古黄芪的孕蕾期早于膜荚黄芪。在5月末便开始孕蕾，而且孕蕾期较短，10天左右。

始花期：为15～20天，一般至6月中旬即进入盛花期。

盛花期：在6月上旬至下旬是蒙古黄芪的盛花期。其花序总在主茎上着生，腋生花序较少。花序初形成时，小花的花冠整个包于花萼中。花冠为淡黄色，但有些花则呈淡粉色。完全盛开的小花长16.8～18.4毫米，较膜荚黄芪的花小。花序也是无限总状花序，下部花盛开时，上部的花仍处于花蕾状态。

结果期：蒙古黄芪结荚明显比膜荚黄芪早。一般在7月初至7月中旬便进入结果期。荚果也是膜质，但光滑无毛，这是蒙古黄芪与膜荚黄芪的主要区别之一。蒙古黄芪荚果幼时为嫩绿色，成熟时为浅褐色。至8月中下旬，果实完全成熟，其成熟期比膜荚黄芪早1.5～2个月。此时正值高温季节，如果少雨干旱，易受豆荚螟等害虫的危害，果实被咬食，严重的会造成种子减产甚至颗粒无收。

收获期（枯萎期）：蒙古黄芪一般到9月下旬即枯萎死亡，但在东北由于早霜，枯萎前易受冻害。如果是第三年收获黄芪，此时黄芪进入枯萎期，至第三年春季又开始进入返青期。

休眠期：与膜荚黄芪相似。

（三）环境要求

1. 气候条件　蒙古黄芪和膜荚黄芪是典型草原干旱多年生草本植物，根深叶茂，喜凉、喜光、耐旱、耐寒、怕涝、怕黏。适宜生态环境为海拔800～1500米的高原草地、林缘、山地；年太阳总辐射460～586千焦/厘米^2，以544千焦/厘米^{2}最佳；年均气温 –3～8℃，最好2～4℃；≥10℃有效积温3000～3400℃，最佳为3200℃；耐寒暑极温，冬季小于 –40℃，夏季大于38℃均能正常生长；年降水量300～450毫米。

黄芪不同的生长发育时期所需的气候条件不同，其中最重要的是温度因素。

在种子萌发期，气温在8～10℃即可发芽，日平均气温在10℃左右，土壤水分含量在18%～24%之间。幼苗生长期，怕高温干旱，易受外界环境影响，对气候要求严格，当幼苗出现5片子叶后，叶面积增大光合作用增强，对外界环境抵抗力显著增强。

枯萎越冬期的温度要求是 –40℃以上。

返青期春天平均气温超过0℃时，地下部分开始萌动，稳定超过5℃时的热量条件可满足返青，若水分充足，可顺利返青。若发生春旱，返青期推迟，严重时可推迟半个月以上。

孕蕾开花期抵御外界能力显著增强，一般6～7月份热量、水分条件可满足其生长需要。

结果种熟期，此期影响黄芪结果、种子成熟的是热量和水分条件，如遇高温干旱天气，该期提前，种子质量下降。

根部生长主要在4～9月份，是养分吸收、积累、储存的过程，适宜的光、热、水条件对黄芪根的生长、药材的产量与质量十分重要。

2. 土壤条件　黄芪是一种深根性植物，土地要求土层深厚，质地疏松，通气性良好，排水渗水力强，地下水位低，土壤含水量少，有机质多的沙质壤土，pH值等于7或稍大于7。草原栗钙土或草原黄沙土均可，以草原黄沙土为最佳。

黄芪幼苗期要求土壤湿润，生长中后期则需干燥。凡黏重板结、含水量大的黏土，以及瘠薄、地下水位高、低洼易积水之地均不宜种植。

黄芪根的生长对土壤有很强的适应能力。适应黄芪生长的土壤种类较多，但是在不同的土壤质地及土层厚度上，黄芪根的产量和质量有很大差异。

从土壤质地来看，黏度过大，根生长慢、主根短、支根多，呈鸡爪形；沙性过大，根组织木质化程度大、粉质少。在黑钙土中，根皮呈白色。在沙质或冲击土中，根色微黄或淡褐色，此色最佳。

从土层厚度来看，土层很薄的主根很短，分支多，呈鸡爪形，商品性状差。在深厚冲击土中主根垂直生长，长达1.6～2.0米，须根少，产量高。商品中品质最好的鞭杆芪便是在此类土壤生长。

因此，土壤质地、肥力、土层厚度对黄芪根的产量和品质均有很大影响，要获得优质高产黄芪，以沙壤土、冲积土为最佳。

3. 水分条件　黄芪根对土壤水分要求比较严格。黄芪幼根主要功能是吸收水分和养分供给地上部促进生长发育，老根的储藏功能增强。由于自身生长发育旺盛，1～2年生黄芪幼根在水分多时仍能良好生长。老根的须根着生位置下移，主根变得肥大，不耐高湿和积水，如果水分过多，则易发生烂根。因此，栽培黄芪应选择渗水性能好的地块，以保证根部的正常生长。

4. 光照条件　黄芪幼苗细弱怕强光，成株喜充足阳光。

5. 连作　黄芪忌连作（重茬），不宜与马铃薯、菊花和白术连作。

第三章
黄芪常见栽培模式

　　随着黄芪种植业的发展和相关研究的深入，在自然条件、生产成本、生产效率、具体用途等因素综合影响下，各地形成了多种栽培模式。生产中既有单独应用又可见几种栽培模式配合。

　　黄芪的栽培模式，按人工参与程度，分为人工栽培模式和半野生栽培模式；按是否进行种苗移栽，分为直播栽培模式和育苗移栽模式；按照采收年限进行，分为1年生栽培模式、2～3年生栽培模式和长年限栽培模式；按是否有人工保护设施，分为露地栽培模式和保护地栽培模式，保护地栽培模式又分为大棚育苗栽培模式和大田覆膜栽培模式；按间作的环境，分为退耕还林地间作栽培和与其他作物间作栽培。

　　下面对黄芪的主要栽培模式进行介绍。

一、人工栽培

　　从选地、整地开始，在整个黄芪生长过程中都由人为栽培管理的模式，是目前生产上应用最广泛的栽培模式。分直播和育苗移栽 2 种栽培模式。

（一）直播栽培

直播栽培是将种子直接播种到田间，从苗期到采收不进行移栽。直播栽培的优点是根较长，分叉少；缺点是需要间苗，需种子量大，浪费种子，采挖困难，费工费时。下面主要介绍播种、间苗定苗方法，其他栽培要点见第四章。

1. 播　种

（1）**播种期**　黄芪直播可在春、夏、秋三季播种，冬季地冻不能播种。

春播一般在 3～4 月份地温稳定在 5～8℃时播种。播后及时补墒，保持土壤湿润，15 天左右即可出苗；伏播在 6～7 月份雨季到来时播种，5～7 天即可出苗，但强光直射，幼苗长势弱。秋播一般在 9 月下旬至 10 月上中旬上冻前，地温降到 0～5℃时再播种，要适当晚播，这样能保证种子以休眠状态越冬，播种过早，种子萌动，抗寒力下降，需适当增加播量。

播种前需进行种子处理，以增加发芽率，然后用菊酯类农药拌种，以防地下害虫；也可播种同时使用 50% 多菌灵粉剂 1 千克 / 667 米 ^{2} +45% 辛硫磷乳油 0.2 千克 / 667 米 ^{2} 与 10 倍细沙拌匀制成的毒土。播种深度为 2～3 厘米为宜，播种过深，会造成出苗困难缺苗断条。覆土镇压后每 667 米 ^{2} 施磷酸二铵 8～10 千克、硫酸钾 5～7 千克作基肥。

（2）**播种方法**　直播黄芪目前多采用条播或穴播。其中以穴播方法较好，因其保墒好，覆土一致，镇压适度，有利于种子的萌发，种子集中也有利于出苗，出苗后丛内互相遮光保湿，有利于保苗。穴播多按 20～25 厘米穴距开穴，每穴下种 3～10 粒，覆土 1.5 厘米，踩平，播种量 15 千克/公顷。条播是按行距 25～35 厘米开沟，将种子播于沟内，覆土 1.5～2 厘米，然后用木碌子压一遍，播种量 30～37.5 千克/公顷。

2. 间苗及定苗 直播地在苗高 6～10 厘米、复叶出现后进行疏苗；当苗高 15～20 厘米时，按株距 10～12 厘米定苗，穴播的每穴留苗 2～4 株。如缺苗过多，应及时补种，不宜移栽，因小苗移栽后主根短，易发生分叉，支根多，商品性能差，以浸种催芽后补种为佳。

（二）育苗移栽

育苗移栽是播种育苗当年秋季或第二年春季起苗进行移栽，移栽后黄芪生长 1～2 年采收的栽培方式。育苗移栽节省种子，但黄芪根多生叉，主产区为甘肃省。育苗移栽模式生产的黄芪根易采挖，其药材外观性状与传统黄芪有一定差异，但饮片成片率较高，价格适宜，易于被消费者接受。该模式生产的黄芪产量占总产量的比例最大。此栽培模式具体内容见第四章。

二、半野生栽培

半野生栽培模式是选择历史上野生黄芪的产区，或者有野生黄芪生长的地方，在山坡地进行栽培，黄芪在自然环境中生长。半野生黄芪栽培的最主要特点是依靠自然肥力来满足黄芪生长发育对土壤养分的需要，这是与农田人工栽培黄芪方法最大的不同之处。

根据黄芪自然生长年限的长短，此模式又分为山地长年限半野生黄芪栽培模式和山地短生长年限半野生栽培模式。

（一）山地长年限半野生栽培

主要在山西地区，黄芪的栽培方式和生长年限最接近传统野生资源，生长过程中不进行人为管理，生长年限一般为 5～7 年，商品药材的性状几乎与野生黄芪无区别，但占用土地年限长，根深采刨困难，因此成本高，产量有限，价格最高。

半野生栽培模式可选山坡荒地、河两岸、土层深厚的沙壤土，不用整地，按行穴距 100 厘米 × 30 厘米挖穴，深5～8 厘米，覆土 2～3 厘米，每穴放入 5～6 粒种子，覆土压实，出苗后进行穴眼除草，苗高 6～8 厘米时进行间苗，同时再次除草，生长至 5～7 年采收。

（二）山地短年限半野生栽培

主要在内蒙古南部，生长年限一般为 3 年，黄芪的生产成本介于山西与甘肃之间，产量与价格也在两者之间。

开垦荒地栽培 1 次黄芪（3～5 年）后，再撂荒 5～6 年，依靠自然植被来恢复土壤肥力，而后再进行第二次栽培，依次撂荒轮作，因此选地整地很关键。短生长年限的半野生栽培模式主要栽培要点如下。

1. 选地与整地

（1）**选地**　选野生黄芪分布种群较为集中的山坡地。栽培地坡度一般以 15°～35°为宜，山坡走向应选东北—西南向的半阴半阳坡或偏阳坡，土壤以壤土、沙壤土、沙质砾土为宜，地面表层土壤的腐殖质厚度在 10～15 厘米及以上。

（2）**整地**　半野生黄芪栽培在干旱和半干旱山地进行，在栽培时就要充分考虑水土流失和生态环境恢复与治理相结合的问题。整地前根据地形、坡度、植被状况，按等高线水平方向留出一定距离的生物隔离带和栽培带，并且整地时严禁火烧荒地。

一般生物隔离带宽 2～3 米，这样既保留了自然状态下的植被，又可发挥隔离带的自然生态作用来防止水土流失，保持土壤肥力。坡度大的要多留隔离带，坡度小的可适当加大栽培带，可灵活掌握，因地留带。

生物隔离带按等高线划出后，开始整地，自下而上进行，将翻起的土垡打碎，拣出草根、灌木根，带出地外，或放在隔离带地边晒死。坡陡处石块多、土层薄，将挖出的石块整理成等高线石堰，或在生物堰上垒石堰，或一道生物隔离带、一道栽培带、一道人工石块工程堰，有利于水土保持。在 28°以上的陡坡地整地时，由于坡大、土层薄，为了加厚活土层，可采用活土双层法。

活土双层法的具体操作方法：在生物隔离带或石堰上先整出 2～4 米宽的栽培带，之后再整出同样宽的栽培带，将活土覆盖在第一栽培带上，可使活土层增加1倍。然后在死土层上筑石堰，依次进行。活土层的土壤疏松多孔，对黄芪根系的下扎有利，雨季有利于雨水的迅速下渗，可有效防止水土流失；生土带的土壤紧实，对下渗到活土带的水分起拦截作用，可防止土壤水分顺坡而下，使较多的雨季降水有效保蓄在隔离带的土壤中。

2. 播 种

（1）**播种期** 夏季或秋季整好的地应于翌年早春播种，一般于4月下旬土壤解冻后进行，时间越早越好，最晚应在5月10日之前完成。早播的出苗好，因是上年整的地，土壤经过1个冬季的熟化和踏实，理化性能好，对黄芪的生长十分有利，至黄芪越冬前，根系粗而长，一般均在30厘米以上，有的长达60厘米以上或更长，独根多，叉根少，商品性能好。

春整地不能早播，因活土层疏松，土壤水分也不充足，播种后很难出全苗，且易发生"吊根现象"，使幼苗枯死。应在雨季到来前，或下一场透雨后播种。

夏播的黄芪苗与春播的相比，幼苗生长差，形不成壮苗，因高温条件不利于黄芪种子出苗，至越冬时根系也较细而短。

秋播一般不提倡，因秋苗不利于越冬，且是小苗，翌年出苗后，主根易分叉，容易形成小老苗，也不利于抗病虫害。

（2）**播种方法** 可穴播或条播。

3. 田间管理 苗期的主要管理任务是防止草荒，尤其是出苗后的前期管理。幼苗期除草要掌握"除早、除小、除了"的原则，杂草一旦成株，拔除就比较困难。苗期一般应有 2 次拔草即可防止杂草危害，或结合中耕松土来除草，利于黄芪的生长。宿存的黄芪根每年地温达 5～8℃即开始萌芽，10℃以上陆续出土，5 月 1 日开始返青后迅速生长，约 30 天（6 月 1 日）即可长到接近正常株高，其后生长速度又减缓下来。宿根黄芪的除草任务主要在封行前进行，即 6 月上旬前，出苗后的 1 个月时间最为关键。封行后除草任务不大，拔去露头草即可，以防杂草打籽，造成下年危害。

4. 采 收

（1）**采收年限** 该栽培模式的黄芪 3 年生的根长达 50 厘米以上，一般在 60～70 厘米，每公顷可产鲜品 7 500 千克，折干率 25%，可以采收，但产量还达不到最高值，产品质量也不是最好；4 年生或 5 年生的产量高、质量最优，鲜品产量可达 1.5 万千克/公顷以上。

（2）**采收方法** 采收时，从生物隔离带或石堰下方按等高水平线开深沟，因是在坡地上采挖，一般可深挖到 60 厘米以下的土层，坡度越陡采挖的深度就越深。一般 4 年生以上的黄芪均可长到 100 厘米以上，有的达 150 厘米以上，当深挖到 60 厘米时，再向下挖就比较困难，可用麻绳将根系捆住，尽可能靠近土层，捆牢，在绳结上打一绳套，根粗的黄芪可两人用扁担向上抬出；根细的可一人蹲下，绳套刚好挎在肩上，用力均匀，缓慢起立，垂直向上拔出。这样可使黄芪的根系尽可能地完整，也避免断根留在土中，造成浪费，做到丰产、丰收。

整带：在采挖黄芪时要边挖边整带，为下一轮作周期提前做好整带工作。按等高线采挖，采挖到生物隔离带时就将其开垦，成为下次的黄芪栽培地。采收后的黄芪地开始撂荒，成为新的生物隔离带。

三、不同年限栽培

（一）1年生栽培

1年生栽培模式指直播黄芪栽培模式。此栽培模式生产的黄芪俗称速生黄芪，主产区为河北与山东，1年生黄芪栽培成本最低，但药材性状与传统黄芪相差甚远，有效成分含量低，且因柴性过大不易切片，不适于制作饮片，一般用于保健品开发，主要用作出口。近年来，由于其价格下跌，产量也在逐年减少。

1年生栽培模式其栽培要点如下：

1. 整地 以秋翻为好，黄芪是深根性植物，必须深翻，耕深40厘米以上。结合耕地施足底肥，将肥料翻入土表深耕一遍，整平耙细后做成宽120厘米的平畦。一般畦距15～20厘米，畦宽1.2米。每667米^{2}施农家肥2 500～3 000千克，或磷酸二铵20千克、尿素10千克、钾肥15千克，或三元复合肥100千克。有条件的可用饼肥50千克，耙平后开沟浇水，使土壤沉实，稍干后再整平，准备移栽。春季播种，应将秋季施肥翻过的地再翻一遍，耙细整平，干旱地区做畦，多雨有涝的平原地区应做高畦，雨水较多的地区做栽培床，地四周开好排水沟。

2. 播种　播种期为 4～5 月份。用翻地起垄机播种，垄宽 160 厘米，高 20 厘米，垄间距 20 厘米，每垄播种 9 行，播深 3 厘米。每 667 米^2 用种 1.5～2.0 千克，播后喷水可采用喷灌方式浇水，达到床面湿润，保持土壤湿润，确保齐苗。

3. 田间管理　出苗后，当苗高 5～7 厘米时，应及时间苗、定苗与补苗，株距 3～5 厘米，有缺苗断条时，应结合定苗移植补栽。

根据降雨情况进行田间水分管理：天旱时应进行喷灌浇水；雨季田内积水时，应注意排水，防止黄芪烂根。

施肥以有机肥为主、化肥为辅，保持或提高土壤肥力及土壤微生物的活性。基肥每 667 米^2 施农家肥 2 000 千克、配方肥或复合肥 25 千克，结合整地进行。

出苗后及时中耕除草，生长期需根据情况除草 2～3 次。在间苗后的 6～7 月份，视植株生长情况适时进行追肥。

（二）2～3 年生栽培

2～3 年生采收，为生产上应用最为普遍的栽培模式，具体见第四章。

（三）长年限栽培

长年限栽培模式多为半野生栽培，生长年限一般为 5～7 年生采收。具体见山地长年限半野生黄芪栽培模式。

四、间作栽培

在退耕还林的山坡地利用树木间空余土地，可间作栽培黄芪。例如，在以花椒树种进行退耕还林过程中间作黄芪。黄芪属喜光植物，此栽培模式适合幼树期施行。

在实际的栽培中，可根据当地情况灵活开展黄芪与其他物种的间作。

黄芪可以与油菜、亚麻、荞麦等混播，进行短期间作，利用这些作物发芽出土快、叶片伸展迅速的特点，给黄芪幼苗挡寒避风，第二年黄芪幼苗长大后不必再间作，将其拔除即可。

五、保护地栽培

（一）保护地育苗

育苗在大棚内，或地膜覆盖育苗，即育苗田穴播并进行地膜覆盖。地膜覆盖育苗具有出苗快、出苗整齐、抑制杂草等特点，春秋季均可。保护地育苗特别适合高寒或干旱地区采用。栽培要点见第四章。

（二）大田覆膜栽培

此栽培模式适合干旱地区，具有出苗率高、操作方便、增产效果明显等特点，其主要栽培要点在于移栽和覆膜，其他同常规栽培。

1. 选苗　选择无病斑、无腐烂、无机械损伤的优质黄芪苗，以长度 30～40 厘米的种苗为好。

2. 移栽　在宽 1～1.2 米畦上，按株距 10 厘米、行距 50 厘米移栽。将黄芪苗头朝同一方向、平行在地面摆放，保持苗头在一条线上。可用挂线方法保证苗头相齐，使苗头出线外 1～2 厘米。摆满一排后，将苗尾部表土铲起，均匀覆盖于前排摆放的黄芪苗上，覆土厚度 3～5 厘米，要求将苗尾覆盖严。

3. 覆膜　将地面表土铲去 5 厘米，在地的一头挖深 10 厘米、长 50 厘米的浅沟，选用幅宽 50 厘米的黑色或白色超薄地膜，将地膜一头埋入，压好，地膜一边与挂线相齐（这样苗头正好在地膜外 1～2 厘米土下，出苗时不用放苗），拉紧地膜，边拉边用土将地膜两边压实，防止风吹掀起。按行距 50 厘米换线，整平地面后，摆放第二排黄芪苗，以此类推，完成黄芪地膜栽培，一般保苗 150 000 株 / 公顷左右。

第四章
黄芪栽培技术

栽培黄芪主要为膜荚黄芪和蒙古黄芪，栽培技术与水平各地参差不齐，规范化的栽培技术是黄芪优质高产的保证。黄芪的生产区主要集中在我国长江以北大部分地区，如河北、山西、内蒙古、黑龙江、吉林、辽宁、河南、山东、甘肃、青海和宁夏等省、自治区。有的黄芪种植区已经在生产上推广优良品种，如山东正在周边地区推广"文黄11"，部分地方已经开展规范化种植，并且已经完成操作规程的制定工作。吉林省无公害规范化中药材种植示范基地已经示范栽培100公顷，辐射带动200公顷的栽培面积。

本章重点介绍目前生产上应用比较普遍的育苗移栽模式的栽培技术。

一、种源的选择

（一）栽培种的选择与鉴别

1. 蒙古黄芪和膜荚黄芪的特点 蒙古黄芪分布区较集

中于相对干旱的地区，经过 60 余年的引种驯化，种质资源虽然存在一些多样性，表现在株型、茎蔓颜色、叶片颜色、叶片形态、花颜色、种子颜色、根形态、根横切面等，但从植株形态、花期、同工酶电泳、抗逆性等分析发现，栽培蒙古黄芪的种质资源变异不大，构成蒙古黄芪品系，主产区也在传统产区内。

膜荚黄芪分布于水分较充足的高山高寒林缘野生生态环境，引种于平地后，温度发生较大改变，且引种范围广，形成了早花型膜荚黄芪品系和晚花型膜荚黄芪品系。

2. 种质的选择

（1）根据栽培地区选择 在不同栽培地区应选用相应品种的黄芪。在山西、陕西和内蒙古应该选择蒙古黄芪，栽培后主根长直，色泽好，柴性小，绵性大，粉性足，多为鞭杆芪；如选用膜荚黄芪，则常成鸡爪芪。在东北三省，蒙古黄芪和膜荚黄芪均可种植。

（2）根据市场选择 在实际栽培中，种植户按黄芪茎秆高低分为高秆、中秆、低秆 3 种黄芪。受种植户和市场青睐的是低秆黄芪，其次为中秆黄芪。

（3）根据抗病性选择 黄芪栽培种质对根腐病的抗性均不如野生种质；蒙古黄芪是优良的抗白粉病种质资源，对白粉病有极强的抗性；早花型膜荚黄芪的地上部分抗寒能力高于晚花型膜荚黄芪，是优良的抗寒性种质资源。

（4）根据有效成分含量选择 当年生根中有效成分黄芪皂苷含量，以晚花型膜荚黄芪最高，是优良的高皂苷含量种质资源，且膜荚黄芪在霜降后均表现出皂苷含量升高；

蒙古黄芪总皂苷含量不如膜荚黄芪高，且在霜降后皂苷含量下降。

引种最好选用生态类型相似的地区的种子，尽量选用本省的种子，如果从其他地区调入种子，最好先进行发芽实验。

播种应选用当年的种子，慎用隔年的种子。

3. 蒙古黄芪与膜荚黄芪种子的鉴别　蒙古黄芪与膜荚黄芪的种子形状、外观相似，但也有差别。

蒙古黄芪和膜荚黄芪的种子均为扁肾形，黑褐色，中间凹陷，擦去表粉，黑亮有光泽，只是蒙古黄芪种子相对颗粒小，较扁瘦。蒙古黄芪种脐近似圆形，萌发孔窄，长圆形，侧面观察表皮为不规则穴状纹饰，种皮背面纹饰为皱褶状；而膜荚黄芪种脐为三角形，萌发较宽，孔圆形，侧面观表皮为两级纹饰，一级网状纹饰和二级穴状纹饰组成，种皮背面纹饰为复网状。

（二）品种介绍

当前，黄芪生产中多以传统栽培种为主，种质退化，种源不清晰，田间表现良莠不齐，难于管理，质量难以保证，明显不能适应黄芪产业的持续发展的需求。

选育新品种，是黄芪优质高产与产业可持续发展的重要保证。我国黄芪主产区重视优良品种选育，在多年黄芪栽培育种研究的基础上，已经选育出一些优良品种。甘肃定西地区旱农科研中心采用杂交选育法获得蒙古黄芪新品种9118，这是我国第一个黄芪优质高产新品种。由甘肃省选育出的黄芪新品中还有陇芪1号、陇芪2号、陇芪3号、陇芪4号等。山东省文登市选育的高产多倍体膜荚黄芪新品种文黄11号，还有泰黄芪1号。陕西旬邑县栽培的人工驯化的野生品种红高秆，但未见对这些选育品种的药效学质量评价研究。山西和内蒙古尚无品种选育报告。

下面对以上涉及的品种进行简要介绍，仅供参考。实际栽培中建议先小面积引种试验，待栽培成功后、确保适合本地区后再大面积栽培。

1. 9118

（1）品种来源及选育单位 甘肃省定西地区旱农研究中心以内蒙短蔓黄芪为父本、本地毛芪为母本杂交选育而成的我国第一个高产优质黄芪新品种。

（2）特征特性 该品种比一般黄芪品种增产20%以上，每667米^{2}产干品350～450千克，高者达500千克；一级品率比一般品种高30%，达90%以上，每667米^{2}产值超千元。抗旱抗病适应性强。植株矮化，株高20～30厘米，匍匐生长，其根较一般品种长5～8厘米，主根下部毛根分布较多，但主根分叉少，品种吸水吸肥能力强，药材品质好。高抗根腐病和白粉病。

（3）栽培要点及适宜区域 春秋两季既可育苗移栽，又可以地膜覆盖穴播栽培。很适合在旱地不分季节随雨而播，待长2～3年后采种或采挖，抗旱栽培以获取稳定收入。苗期注意防治地老虎危害幼苗。须与其他黄芪种类设置500米以上种植隔离区，以防品种混杂退化。

2. 文黄11号

（1）品种来源及选育单位 山东省文登市经过多年研

究系统选育出的优质高产黄芪新品种。

（2）**特征特性** 该品种喜凉爽气候，耐旱耐寒，怕热怕涝。以土层深厚、富含腐殖质、透水力强的中性和微碱性沙质壤土为宜，黏土和重盐碱地不宜种植。种子发芽的最适温度为 14～15℃，发芽和苗期需充足水分，否则不出苗或因干旱而死亡；幼苗细弱，怕强光，略有荫蔽，容易成活，盛花期土壤不宜过于干旱，以免落花落果，成年植株和生长期喜干旱和充足的阳光，气温过高常常抑制地上部植株生长，土壤湿度大常引起根部腐烂。

株高 50～80 厘米，主根长 30～80 厘米，圆柱形，稍带木质化。地上分支少，地下根系肥大，条直，须毛少，侧根少。奇数羽状复叶，互生，小叶一般为 6～13 对，长 7～30 毫米，宽 3～12 毫米，先端钝圆或微凹，有时具小刺尖。

种植 1 年每 667 米^{2}产鲜品一般在 700～1000 千克，产种子 20 千克左右，比原始群体平均增产 50%～80%；本地大田每 667 米^{2}最高产量达到 1660 千克，产种子 41.8 千克。

（3）**栽培要点及适宜区域** 该品种在黄河中下游和长江三角洲地区黄芪种植区大面积推广种植。栽培要点如下：

选地：应选择土层深厚，土质疏松、肥沃、排水良好、渗水力强中性至微碱性的沙壤土或腐殖壤土种植。前茬以甘薯、萝卜、玉米地为好，不选豆茬、花生地。

整地与施肥：冬前深翻 50 厘米以上，打破原来的土壤层次，加深活土层，改善土壤的物理性状，以利根部伸展。地翻好耙成公路形，地周围挖排水沟。同时，每 667 米^{2}施优质厩肥 10 000 千克，不含氯的复合肥 100 千克。

种子处理：将种子与种子量2～3倍的干细沙（沙粒小于种子）混合，在石碾上轧60～70圈，边压边翻动，使其碾压均匀，碾至种皮由棕黑色变暗。之后再浸种5小时，其吸水膨胀率达90%以上，用清水淘出已吸水膨胀的种子，直接播种。

播种时间与方法：春播、冬播均可。当地一般春播于3月底至4月初为宜。在整好的地里，按行距33厘米的距离开2厘米深的浅沟，将处理好的种子均匀撒于沟内，覆土2厘米，然后顺播种垄用锄推压一遍。每667米²用种不超过1千克（吸水膨胀种子不超过2千克）。

田间管理：注意除草间苗，苗高7厘米左右，复叶3～4片时，进行间苗，苗高10厘米左右时定苗，株距10～13厘米。黄芪耐干旱，一般不需要浇水，只是播后要喷水保持土壤湿润，畦面盖草保湿，以利出苗。黄芪的药用部分主要是根，故应及时摘除花蕾，并打去即将成为花序的顶心，促使养分向根部转移。

采收与加工：当秋季果荚下垂黄熟，种子变褐色时立即采收种子，同时做到随熟随采。根的采收于立冬期间，收获时将地上部割掉，在畦的一边开沟，将根刨出，防止折断根部。

3. 陇芪1号

（1）品种来源及选育单位　该品种是由甘肃省定西市旱作农业科研推广中心、陇西县科学技术局和陇西县农业技术推广中心等单位采用混合选择法经多年共同选育成功的黄芪新品种。

（2）**特征特性**　主茎绿色，具较密柔毛，花淡黄色，种子成熟前果荚淡紫色鼓起，种子浅褐色，根系淡白色。每667米^{2}平均产鲜黄芪近700千克。在规范化栽培条件下，该品系特级品出成率为21.5%，一级品出成率为32.8%，较对照分别提高3.5%和4.2%。根系性状和显微结构均符合规定，总灰分2.9%，酸不溶性灰分0.3%，浸出物39.2%，黄芪甲苷0.059%，多糖3.7%，质量显著优于2000年版《中国药典》规定标准。在3年轮作制土壤条件下，根病平均发病率5.5%，病情指数2.4%，较对照分别降低1.4%和0.4%。

（3）**适宜区域**　该品种适宜在海拔1800～2600米，年降水量450～600毫米半干旱区、二阴及高寒阴湿生态区栽培。

4. 陇芪2号

（1）**品种来源及选育单位**　该品种由甘肃省定西市旱作农业科研推广中心、甘肃中医学院、中国科学院近代物理研究所选育而成。

（2）**特征特性**　全生育期510天左右。主根圆柱状，长50～120厘米，中下部有侧根2～5个，外表皮浅褐色，内部黄白色，生横长皮孔，根断面有明显的豆腥味。1年生植株茎高25～35厘米，2年生植株茎高71～92厘米。茎秆紫色，有3～9个分支，开展度25～40厘米，茎上着生较密白色伏毛，地下茎基部具多数瘤状不定芽。花淡紫色，花期6～7月份。种子扁肾形，色泽棕褐色，成熟期7～8月份，发芽率88.5%。抗根病能力强，根病平均发病率为7.6%，病情指数平均2.4%。

（3）**适宜区域** 适宜在海拔1800～2500米，年降水量450～600毫米的半干旱区、二阴区和高寒阴湿区及同类生态区应用推广。

5. 陇芪3号

（1）**品种来源及选育单位** 该品种是由甘肃省定西市旱作农业科研推广中心、中国科学院近代物理研究所共同选育的黄芪新品种，用陇芪1号进行辐照处理诱变选育而成。

（2）**特征特性** 根圆柱状，外表皮淡褐色，内部黄白色，根长58.9厘米。1年生植株茎高25～30厘米，2年生植株茎高45.8厘米。主茎半紫色，冠幅49.4厘米，茎上白色伏毛较密。叶长3～10厘米，小叶27枚，小叶长6毫米，宽6.6毫米；花枝着生小花3～12枚，花蝶形，淡黄色，花期6～7月份；荚果长1.5～3.2厘米，内含种子3～8粒。种子色泽棕褐色，千粒重7.47克。总灰分2.6%，浸出物31.7%，黄芪甲苷0.089%，毛蕊异黄酮葡萄糖苷0.080%。经田间调查根腐病病株率为25%，病情指数为8.75%。在2009—2011年多点试验中，平均每667米^{2}产655.2千克，较对照陇芪1号增产17.1%。

（3）**栽培要点及适宜区域** 本品种适宜在甘肃省定西海拔1900～2400米，年平均气温5～8℃，降水量450～550毫米的生态区种植。

栽培要点：播前将选好的种子放入沸水中搅拌90秒，后用冷水冷却至40℃后再浸种2小时，再将水沥出，加盖麻袋等物闷种12小时，待种子膨胀后，抢墒播种；成药田要求移栽苗行距 25 厘米，株距 20 厘米，种苗平摆，栽植深度 10 厘米；每 667 米^{2}保苗 1.2 万～1.3 万株为宜，施有机肥 5 000 千克，配施化肥纯氮肥 10～15 千克、磷肥 15～18 千克、钾肥 5～6 千克。黄芪花序为无限型，应分期采收种子。

6. 陇芪 4 号

（1）**品种来源及选育单位** 该品种由甘肃省定西市旱作农业科研推广中心选育而成。

（2）**特征特性** 外表皮淡黄褐色，内部淡黄白色，主根长 50 厘米左右。一年生植株茎高 30～45 厘米，二年生植株茎高 48 厘米左右。主茎黄绿色，冠幅 50 厘米左右，茎上白色伏毛较稀。奇数复叶，叶长 10 厘米左右，小叶长 8 毫米、宽 5 毫米左右；花枝着生小花 5～12 枚，花蝶形，淡黄色，花期 5～7 月份；荚果长 2 厘米左右，内含种子 5～8 粒。种子色泽浅褐色，千粒重 7.4 克左右，发芽率 92%。平均每 667 米^{2}产鲜黄芪 732.3 千克。

（3）**适宜区域** 在甘肃省海拔 1 900～2 400 米，年平均气温 5～8℃，降水量 450～550 毫米的生态区种植。

二、选地与整地

（一）选 地

应选择地势高燥、排水良好的平地或坡度小于 15°的向阳坡地。地下水位高、低洼易涝的土壤不宜种植。选择地势高、土层深厚、土质疏松、透水透气良好的沙质壤土或冲积土；地下水位高、低洼易积水的草甸土、黏壤土和盐碱土不宜种植。对膜荚黄芪来说，沙质土壤栽培绿茎类型为好，红茎类型栽培于黄土中较好；而蒙古黄芪以栽培于黄土中质量最好。如果把黄芪栽培于黑土层厚而水分充足的黑壤土中，其根往往不能向下生长，形成短而分支多的根系，降低商品质量。

1. 前茬植物 前作物以禾本科为好，主要为玉米、小麦、高粱等；北沙参茬口的地块也很好。忌重茬，忌隔黄豆茬，甜菜茬也次之。

2. 土质 选择适宜的土壤是黄芪高产、优质的关键。选择地势高、土层深厚、土质疏松、透气良好的沙质壤土或冲积土，地下水位高、低洼易积水的草甸土、黏壤土和盐碱土不宜种植。

3. 地势 应选择地势高燥、排水良好的平地或坡度小于15°的向阳坡地。地下水位高、低洼易涝的土壤不宜种植。

4. 土壤肥力 黄芪对土壤肥分要求较低，无特殊要求。

5. 周边环境 无污染，距公路主干线或铁路50米以上，交通方便，水电充足。

（二）整　地

1. 育苗田整地 育苗方式有非保护地育苗和保护地育

苗。下面分别介绍 2 种方式的整地方法。

（1）**常规育苗**　蒙古黄芪一级种苗根长在 30～40 厘米。为保证蒙古黄芪一级种苗率在 80% 以上，育苗田以疏松的沙质壤土为宜。地块必须进行深耕处理，耕地前灌水，能下地后用拖拉机深耕，耕层深不低于 40 厘米，耕地前每 667 米^2 撒施磷酸二铵 20～25 千克，耕后土壤表面喷施封闭性除草剂氟乐灵，每 667 米^2 喷施 1 瓶（0.5 千克）。然后，耙 1～2 次与土壤混匀。

准备春季播种育苗的地块必须秋翻，深度达 30～40 厘米，及时足墒冬灌。春季育苗前施入充分腐熟农家肥 2 000～3 000 千克 / 667 米^2、普通过磷酸钙 10 千克 / 667 米^2、尿素 10 千克 / 667 米^2（或磷酸二铵 15 千克 / 667 米^2），充分旋耕、耙平耱细。

在雨水较少地区的育苗田进行整畦，可沿南北方向做宽 1.5 米、长不超过 30 米的育苗畦，各畦间可做小土埂分开，便于灌溉、间苗、施肥等农事操作。

在雨水较多的地区需要先做栽培床，床高 10～20 厘米，长度一般不超过 30 米，床间留作业道，作业道约 30～40 厘米，在栽培床上进行播种育苗。

（2）**保护地育苗**　适用于高寒或干旱地区，分为地膜育苗和温室育苗 2 种方式。

地膜育苗的整地可参考非保护地育苗整地。温室育苗整地需在温室内进行，根据温室具体情况选择适宜的机械或人工进行翻地、施肥、起床、做畦。

三、种子选择与处理

（一）种子选择

1. 种子选择标准　要求种子纯度为94%以上，发芽率高于60%。

从3年生黄芪种子田收获的种子中选择饱满、粒大、无病虫害、有光泽的优质种子。若用隔年陈种，可先做发芽实验，并加大用种量。

2. 新种子与陈种子的辨别　取少许种子放入玻璃杯中，倒入沸水搅拌1分钟，然后加冷水调温到40℃，浸泡20分钟后倒净水用两指挤，种仁黄白或白绿、子叶分开、叶芽显露，即为新种子；种仁呈栗色、不鲜亮、子叶难分，无叶芽显露，即为陈种子。

（二）种子处理

由于黄芪种子具有硬实性，影响发芽，因此播前要对种子进行人工处理，以打破种子的不透性，提高出苗率。种子处理一般在播种前进行，随即播种。

处理方法主要有3种：

1. 酸处理　对老熟硬实的种子，可用硫酸或盐酸处理。具体操作方法：用90%硫酸，在30℃条件下，处理种子2分钟，随后用清水将种子冲洗干净；或者用70%～80%硫酸溶液浸泡种子3～5分钟，取出后迅速置于流水中冲洗半小时，或用清水清洗多次，洗净种子上的残余硫酸，稍干即可播种，发芽率可达90%以上；也可以65%硫酸溶液浸泡黄芪种子4分钟，然后冲洗半小时或多次清洗干净。

酸处理时间过短不能破坏种皮釉质层，时间过长会破坏种子内部胚芽。处理种子后立即用清水冲洗，一般流水下冲洗5～6次后，再用碳酸氢钠溶液浸泡，使其略偏碱性，以利于种子发芽。

酸处理的优点是速度快，效果好，发芽率可达90%以上，便于推广应用；缺点是有一定危险性，使用时必须小心谨慎，避免烧伤。

2. 碾磨处理

（1）**碾米机碾种法**　利用碾米机碾轮高速旋转擦伤种子釉质层，碾种次数以1～2次为宜。此法操作简单，费用低，效率高。碾种强度和次数要根据碾米机型号，以及黄芪品种、湿度、成熟度等具体情况而定。此法的优点是省时省力，样品处理流量高，可应用于批量生产；缺点是技术不易掌握，碾磨过度会导致种子破损，影响发芽率。

（2）**石碾碾种法**　原理同碾米机，石碾碾压次数为70圈左右，边压边翻动，使种子碾压均匀，一般石碾铺放种子应厚些，以免种子被碾坏。

（3）**沙磨法**　以细沙与种子2～4:1混合，置于研钵中均匀研磨，以达到破损釉质层的目的。

（4）**搓擦法**　将拌好干细沙的种子搓擦，以擦伤种皮而不损坏种胚为度。

（5）**石碾－砂磨结合法**　将干种子掺拌种子量 2～3 倍的干细沙（沙粒小于种子），置于中等大小的石碾上，铺 3～4 厘米厚，在石碾上压 60～70 圈，边压边翻动，使其 碾压均匀，碾至种皮起毛刺时为止，此时外皮由棕黑色变 为灰棕色，碾好后过筛获取种子。

3. 温汤浸种　种子进行温汤催芽处理有两个作用，一 是使种子灭菌并除去表面蜡质，播后种子易吸收水分，能 防病害；二是提高了种子的发芽率和加速了出苗，从而缩 短了出苗期，增加了生长期。

（1）**水温变换浸种**　在播种前几天，白天用 40℃温水 浸泡，晚上再换冷水，连续处理 3 个昼夜，捞出后装入瓦 罐内，上用湿布盖住放在温暖的地方催芽，3～4 天便能发 芽，即可播种。此法处理的种子出苗率高，幼苗整齐，但 比较费时费力。

（2）**沸水浸种**　取种子置于容器中，加入适量沸水， 急速搅动约 1 分钟，立即倒入冷水中，水温冷却至 40℃， 再浸泡 2 小时，将水倒出，种子加覆盖物焖 8～10 小时， 待种子膨大或外皮破裂时，可趁雨后播种。将头年收获 的种子在播种前用 40～45℃温水浸种，边搅拌边放种， 待搅拌至水温降到感觉不烫手为止。再泡 5 分钟，然后 置于纱布袋内，用水冲洗数次，拌 3 倍的细沙，放于温 度 15～20℃处，每隔 3～4 小时用水淋洗 1 次，在 5～6 天内种子裂口即可播种。该方法优点是所需条件简单、 可行性强；缺点是程序比较烦琐，水温和时间必须严格控制，时间过短则达不到破皮效果，时间过长则发芽率降低。

（3）**结合沙磨和温汤浸种**　选 2 年生的黄芪种子，播前沙磨半小时，然后用 42℃的温水浸泡 2～3 小时，沥出种子覆盖催芽，当种子膨胀，种皮破裂后，拌入 3～4 倍的细沙土，撒播或条播于整好的大田地内。此法效果较好。

（4）**药物浸种、拌种法**　醇醚类浸种：使用 25%～35% 乙二醇乙醚、乙二醇丁醚等渗透处理黄芪种子 24 小时左右，可明显提高发芽率，并能促进胚芽、胚根生长。

植物生长调节剂浸种：用 200 毫克/千克赤霉素液浸种 24 小时，可提高出苗率，但浓度过高则会抑制发芽，并导致种子幼苗腐烂。也可用 50～200 毫克/千克生根粉浸泡可促进生根，达到壮苗效果。

杀菌、杀虫剂拌种：0.3%～0.5% 多菌灵、1‰敌百虫、2% 辛硫磷粉药剂拌种，具有预防病虫害的效果。

药物浸种、拌种法的优点是可促进种子生根发芽并防治病虫，缺点是药物浓度不易掌握，浓度过低效果不佳，浓度过高易引起药物毒害。

实际生产中，各种方法可结合使用，原则为药剂浸种、拌种法再配合前 3 种方法使用；酸处理法不宜与机械破皮处理法、变换水温浸种法结合使用，以免损害种子胚芽；酸处理法可单独使用，也可在酸处理种子后，有选择地采用药物浸种、拌种法；机械破皮处理法之后可结合使用变换水温浸种法，播种前有选择地进行药物浸种、拌种处理。

四、播种与育苗

（一）播种时期

非保护地育苗播种最适宜时间为 3 月下旬至 4 月中旬。当土壤 5 厘米地温稳定在 10℃左右时即可播种。保护地育苗播种可适当提前。

（二）播种方法

1. 条播法　按行距 15～20 厘米播种，沟深 3 厘米，将种子均匀撒进沟里，覆土 2 厘米左右，每 667 米^2 播种量 5～6 千克，播种后压实表面，以利出苗保墒。秋播，翌年春季出苗。苗高 6 厘米左右，按株距 9 厘米、行距 30 厘米的距离间苗，每 667 米^2 留基本苗 8 万～10 万株。

2. 穴播法　在整好地后用工具挖穴，穴间距 3～5 厘米，行间距 5～6 厘米，人工点播，每孔点播种子 25～30 粒，播深 2～3 厘米，播种量 1～1.5 千克 / 667 米^2，播种后用覆盖物细土或细沙等覆盖种穴。

3. 覆膜播种　育苗田穴播进行地膜覆盖。地膜覆盖育苗具有出苗快、整齐及抑制杂草等特点，春秋季均可。春季播种可在春分前后，一般易早不易迟，有降雨迹象前或雨后地表干爽时即可播种。播种时先整平、拍实地面，采用幅宽 140 厘米、厚 0.01 毫米的黑色地膜，平铺在畦上，膜两边各压土约 10 厘米厚，保留膜面 120 厘米，膜间距

25 厘米。也可结合实际情况选择地膜的宽幅。地膜铺好后，用打孔器（可自制）打孔，孔间距 3～5 厘米，行间距 5～6 厘米。孔打好后踩平踩实进行人工点播，每孔点播种子 6～12 粒，播深 2～3 厘米，播种量 10～15 千克 /667 米^2。点播后在播种穴上盖厚 1～2 厘米的细沙土。撒播时，将处理过的种子用 5 倍量细干土拌匀，均匀撒播在平整好的畦面上，播种量为 3 千克 /667 米^{2}干种子，其上撒田园细土约 1 厘米厚。

4. 大棚育苗法　顺大棚方向做畦，畦宽 120 厘米，两畦之间用留 24 厘米宽的作业道，便于日常管理。采用沟播栽培，按行栽植，行距 20 厘米，沟深 7～10 厘米。将种子撒播在沟内，推平土层，让种子和土壤充分接触，每667 米^{2}播种量 10 千克。播后可用蛭石完全覆盖种子，播后喷透水，之后每隔 5～6 天喷水 1 次，以蛭石湿润为宜，棚面覆盖白色网纱。

（三）播后管理

播后如遇透雨，则 10 天后开始出苗，15 天内出苗率可达80% 以上。覆膜地块出苗后适时除去地膜。苗期人工除草松土，除草一般在地面较干时进行，地面较湿时严禁除草。立秋前用 2 克 / 升磷酸二氢钾与 5 克 / 升尿素混合液进行叶面追肥，立秋后随降水追施尿素 112.5 千克 / 公顷。地面封冻前可在地表面覆细土 5 厘米，以保护苗头。冬天加强管理，以防牲畜啃食黄芪苗。

大棚育苗在出苗后应用黑色遮阳网覆盖棚顶，防止光照过强灼伤幼苗，管理 2 周后选择阴天揭去遮阳网。出苗后要加强水分管理，及时通风，空气相对湿度以 60%～70%为宜，湿度过大易引发病害。

（四）种苗起收

1. 起收时期　春播、夏播的黄芪在第二年的 3 月中旬至 4 月中旬即可移栽，秋季播种的则需在第三年的 3 月中旬至 4 月中旬移栽。也可在秋季采收种苗，越冬储藏后春季移栽。

春季挖采种苗可避免冬季贮藏过程中由于贮藏不当引起的根部腐烂、霉变及鼠害等，且秧苗整齐、光洁，市场出售卖相好。

2. 起收方法　移栽时节土壤解冻后为最佳采挖、移栽时期，结合移栽需求确定挖苗时间，土壤解冻后越早挖越好。采挖时苗地要潮湿松软，以确保苗体完整，对土壤干旱硬实的苗地，采挖前 1～2 天浇水，使土壤潮湿。为保证种苗根条完整，减少损伤，一般先割除地上茎秆，采挖先从地边开始，贴苗开深沟，可以先用长 40～50 厘米长的四齿叉将苗床土翻松，然后逐渐向里挖，要保全苗，不断根。挖出的种苗要及时覆盖，以防失水。

（五）种苗等级

黄芪种苗要求苗龄达到 1 年。种苗质量可分 3 级：一级根长大于 30 厘米，横径大于 5 毫米；二级根长 25～30 厘米，横径 3～5 毫米；三级根长 20～25 厘米，横径 2～3

毫米。根长小于20厘米，横径小于2毫米为不合格苗种苗。按标准分级后，根头朝同方向扎成7厘米左右的带土小捆，或者扎成25～30支一把，以利于贮藏运输。

（六）种苗贮藏

春季采收的种苗不能及时运输或移栽时，应假植贮藏以防风干，即用潮湿土覆盖种苗，装一层苗木装一层湿润土，覆土厚度为3～4厘米，以不露出芦头及根部为宜。选择地势干燥、通风良好的冷房用于贮苗，并及时喷水保持土壤潮湿。

秋季采挖的黄芪苗一般采用堆藏和地下窖贮藏2种方式。

1. 堆藏法　选择地势干燥、通风良好、阴凉的墙角或屋檐下，根据种苗数量，用砖块或土坯砌成长方形，并准备充足的湿润细生土。在地面墙边先覆盖一层厚约10厘米的生土，使土层形成一个斜面，将苗头朝上靠墙摆一排，然后在苗头以下覆土呈斜面，厚5厘米左右，再摆第二排，苗层之间生土层厚3～5厘米；第一层摆满后，在苗头表面覆盖一层土，厚5厘米左右；继续往上一层一层摆。要求尽量苗的头梢与砖块间隔10～15厘米为宜。最后堆顶覆土约30厘米，呈凸形，苗堆上用塑料棚膜覆盖，防止渗水烂苗。

2. 窖藏法　窖的深度把握在50～80厘米深。一般选地势干燥、通风好、阴凉的地方挖宽1米（长度视种苗多少而定）的长方形坑。苗把的摆放、覆土方法与堆藏苗把摆放方法相同。

种苗在长途运输时要遮盖篷布并注意适当通风，以防风干失水或种苗发热烂根。

五、移　栽

黄芪苗移栽后，植株生长健壮，根茎生长整齐，便于收获，而且商品质量好，产量高。育苗移栽时注意不要伤主根，主根受伤后易形成鸡爪芪，影响商品的质量。在土地较少、劳动力充足的地区，可通过精耕细作，提高单产。

（一）移栽时期

移栽可在春季土壤解冻后、秧苗发芽前进行移栽；也可在秋末进行，当黄芪苗株高20厘米时即可移栽，移栽苗的根长不小于20厘米为宜；也可在秋季挖苗贮藏到翌年春季移栽。

（二）移栽方法

1. 顺沟斜栽　整好的土地上按行距40厘米开沟，沟深（视种苗长度而定）一般20厘米左右，可用犁、镢头、机械开沟。沟开好后，将苗根均匀斜摆于沟畔，株距15厘米左右，苗顶头距地面3厘米，然后覆土。

2. 顺沟平栽　整好的土地上按行距30厘米开沟，沟深7～10厘米，将黄芪种苗平铺在种植沟内，株距10～15厘米，栽后覆土压实浇水。

移栽时最好边起边栽，忌日晒。栽后踩实或镇压紧实，利于缓苗，移栽后最好浇水或趁雨天进行有利于成活。每667米²栽苗 20 000 株左右。

六、田间管理

（一）育苗田管理

1. 覆盖　天气干旱、少雨、土壤板结、降水分布不均等都是黄芪育苗面临的问题，常造成死亡减产，土壤覆盖对保蓄水分、调节温度、改善土壤理化性状、保持水土及促进作物生长、提高种苗质量等具有一定的作用。在降雨多、均匀的山区或有喷灌条件的地方，可不采取土壤覆盖。

种苗田可覆盖作物秸秆、细沙、蛭石、遮阳网等以利于保水，也可以几种覆盖物配合使用。

2. 间苗、定苗　黄芪小苗对环境抵抗力弱，不宜过早间苗，当苗高5～7厘米、幼苗4～5片复叶时，进行第一次间苗，将过密的小弱苗拔去。隔一段时间再逐步进行第二、第三次间苗，每隔6～8厘米留一株壮苗。如遇缺株的地方，应将小苗带土移植，使其苗全。定苗后一般不浇水，保持地面稍干，土壤疏松，以利于根向下生长。

3. 中耕除草　黄芪苗田期可以使用除草剂，但黄芪苗期生长慢，一般使用除草剂后苗田仍有杂草，为避免大田发生草荒，中耕除草要勤，于植株封行前适时中耕除草，使地面疏松，无杂草，封行后视草情酌情除草中耕。

黄芪苗齐后即可进行第一次松土除草。这时小苗根浅，应以浅锄为主。除草过深，土壤透风干旱，常造成小苗死亡。当苗高5厘米左右时，结合间苗进行第一次中耕锄草；高8～9厘米时进行第二次中耕锄草；以后视草的多少再进行第三次中耕锄草。中耕除草过程中及时除去弱苗、病苗。

当发现薄膜下有杂草顶起及时用土封压，可将杂草闷死于膜下。以后视杂草滋生情况再除草1～2次即可。

也可视土壤的板结和杂草长势，适时进行中耕除草。

4. 灌溉和排水 黄芪的水分临界期在幼苗期，播种后应及时补墒，幼苗生长期要保持土壤湿润。播种后和返青期如遇连续干旱无雨，应及时浇水，以促种子萌发出苗和春季早发。

有灌溉条件的地块要及时浇冬水或早浇春水，并随时观察土壤墒情，随旱随浇，灌溉时采用滴灌或喷灌最好。播种后通常浇水3次，苗齐后浇头水，苗高10厘米时浇二水，后期视干旱情况浇三水。如遇降水，可减少浇水次数或不浇水。8～10月份降水较多，要注意排水防涝。对于地势低洼的地块要提前做好排水沟。

灌溉水水质执行《农田灌溉水质量标准》（GB 5084—2005）。以井水、雨水及无污染的河水灌溉。

5. 追肥 可结合第一次灌水或降水追施尿素10～15千克/667米^2。苗高10厘米以上和幼苗分支期，可喷施1.33～1.67克/升磷酸二氢钾溶液进行叶面追肥。

（二）生产田管理

田间管理是获得优质高产的重要环节之一。常言道

"三分种，七分管，十分收成才保险"。田间管理就是充分利用各种有利因素，做到及时而又充分地满足植物生长发育对光照、水分、温度、养分及其他因素的要求。

黄芪生产田的管理包括移栽后中耕除草与培土、追肥、灌水与排水、病虫害防治等，还包括打顶与摘蕾、整枝修剪等。加强田间管理，创造良好的生长发育条件，能提高药材的生长速度，提高药材质量。

1. 中耕除草 每年中耕锄草 3 次。苗高 5 厘米左右时进行第一次中耕锄草，苗高 10 厘米左右时进行第二次中耕锄草，苗高 15 厘米左右时进行第三次中耕锄草。于生长期视土壤的板结和杂草长势，进行中耕除草。实际生产中应视草的大小多少来具体实施耕锄草的时间和次数，不能死搬硬套，经常保持土松草净即可。

2. 灌溉和排水 黄芪怕涝，平地必须有良好的排水设施。春季出苗前，保持畦间湿润，其他生长时期抗旱性强，但不耐涝，注意排水以防烂根。如遇天气过于干旱，要适当浇些水，一般情况下可不必浇水。平原地区种植黄芪，要尽可能降低地下水位和田间湿度。夏季及秋雨季节往往湿度过大，黄芪烂根严重，因此必须在 6 月初重新将田间排水沟渠深挖理通，保证雨水及时快速排除。

3. 追肥 黄芪是一种耐干旱而不耐肥沃的深根系植物。过量的施入化肥和过多的灌溉，使黄芪根系迅速生长，虽然产量增加了，但药材质量明显降低。主要表现为：根疏松不坚实，粉性小，色白，有效成分含量降低。因此，黄芪施肥应以农家肥料为主，辅助施用速效肥料。以基肥为主，适当追肥，氮、磷、钾配合使用。根据土壤肥力特点施肥，根据气候条件施肥等原则。要注意农家肥必须充分腐熟，以杀灭虫卵、病原菌、杂草种子。

在整地前施足基肥，种子田开花后追施磷肥，以提高种子产量和质量。肥料中氮、磷、钾合理配比是提高产量的关键，准备当年收获的，一般追肥 2～3 次。第一次在苗高 3～5 厘米时，浇稀薄的粪水，每 667 米² 用人粪尿 50 千克冲水浇，促进幼苗生长。第二次在苗高 20～30 厘米时，每 667 米² 用猪粪尿 1 000 千克冲水浇，或每 667 米² 沟施尿素 8～15 千克。第三次在苗高 60 厘米时，如叶色发黄可沟施适量的尿素、饼肥和过磷酸钙。

准备 2～3 年收获的，冬季枯苗后、土壤封冻之前每 667 米² 施入厩肥 2 000 千克加过磷酸钙 50 千克、饼肥 150 千克混合拌匀后于行间开沟施入，施后培土。

黄芪栽培过程中追施的肥料种类包括农家肥类（厩肥、堆肥、饼肥等）、商品有机肥料、微生物肥料、有机复合肥料、无机肥料。

4. 打顶 为了控制黄芪生长高度，减少营养消耗，应在 6～7 月份进行打顶，可增产 5%～10%，还可推迟花期，避开 8 月中旬以前高温引起的花而不实，提高结实率和种子产量。故生产田应及时摘除花蕾，并打去即将成为花序的顶心，促使养分向根部转移。

黄芪地上部分生长茂盛，高的可达 1.5 米以上，必须化学调控，一般在苗高 60～80 厘米时，每公顷用甲哌啶 15～30 克，结合防病治虫化学调控 1 次。

5. 选留良种 7～9 月间宜选择 2～3 年生品种纯正、特征明显、高矮适中、无病虫害、生长健壮的优良单株黄芪作母株。或者在收获时选择主根粗长、分支少、粉性好的植株留作种根，用以繁育良种种子田要严格去杂去劣。选留良种是获得优质高产的种质基础。

若小面积留种，最好分期分批采收，并将成熟果穗逐个剪下，舍弃果穗先端未成熟的果实，留用中下部成熟的果荚。若大面积留种，可待田里 70%～80% 果实成熟时一次采收。

秋天果荚下垂且黄熟、种子变褐时立即采收，随熟随采。在人力不足时也可在 50% 种子成熟时割取果实，晾干脱粒。8～10 月份当果荚成熟下垂，种子呈绿褐色时割下全株带回随熟随采。

果荚采回后脱粒晒干，除去杂质瘪粒、虫蛀粒，选出颗粒饱满、褐色有光泽的种子。黄芪种子装在塑料袋内会影响发芽率，可装入坛子或布口袋存放在干燥、通风处备用。

采收后先将果枝倒挂阴干几天，使种子后熟，再晒干、脱粒、扬净、贮藏。

6. 生育后期管理 管理时间为 9 月下旬至 10 月上旬；管理方法为植株枯萎或收获后及时清理田间残株，并集中烧毁，减少病虫危害。

第五章
黄芪病虫害防治

一、黄芪病害

近年来随着市场对黄芪需求量的不断增加，种植面积不断扩大，轮作周期缩短，致使黄芪的病虫害加重、品质下降，严重影响了黄芪的产量和质量。黄芪的病害主要有白粉病、根腐病、锈病、麻口病等。

黄芪病害防治应采取以预防为主，综合防治的策略，尽量少施农药，以最小剂量为原则；禁止施用高毒、高残留、致癌、致畸、致突变的农药，提倡使用植物性和生物农药。推荐使用农药（不限量使用农药）主要为植物性农药、生物农药，此类农药对人畜无害，无污染，限量使用高效、低毒、低残留农药。

（一）白 粉 病

【症　状】　黄芪白粉病不仅危害叶片，也危害叶柄、花蕊、莢果、茎秆等部位。初期在叶面产生灰白色小斑，后病斑蔓延至整个叶面，可见发病部位布满白色粉末状霉层即分生孢子，以后逐渐扩大蔓延，布满全叶、茎秆及荚果，整片叶子及荚果被白色粉状物所覆盖，后期在病部出现黑褐色小点即病原菌的闭囊壳，病原菌吸取叶片营养，影响光合作用，严重时叶片呈黄褐色、干枯，造成早期落叶，叶片和茎秆同时受害，受害重的则整株枯萎；被害植株往往早期落叶，产量受损。一般发病率在 10%～30%，严重的可达到 40% 以上，秋季黄芪田发病率可达 100%。

【病　原】　白粉病病原菌是豌豆白粉菌侵染黄芪而致病。病原菌主要以闭囊壳遗落于田间，随病株残体在土表越冬，或以菌丝体在根芽、残茎上越冬。翌春条件适宜时产生子囊孢子引起初侵染，生长季以分生孢子进行再侵染。也有报道甘肃省黄芪白粉病病原主要是黄芪束丝壳。

【发生规律】　经调查，黄芪白粉病于 9 月下旬形成有性世代，以子囊果在病残体上越冬。翌年 5 月份气温达到 20℃ 以上时，病菌孢子萌发，首先感染 2 年生黄芪植株，出现发病中心，病菌繁殖，重复侵染，叶片上出现白色粉状物，借风传播，并迅速向邻株蔓延，很快布满全田，8～9 月份病情严重，发病率及严重度均达 100%，9 月下旬至 10 月上旬形成子囊果，随病残体落入土壤越冬。田间先出现发病中心，然后向四周蔓延发病，是该病发生的特点。

河北省一般 5～11 月份温度均在这一范围内，所以 2 年黄芪田从 5 月中下旬便开始发病，1 年生黄芪田 6 月中旬开始发病，直到 11 月份均有白粉病菌在田间传播流行。甘肃省一般 6 月下旬开始出现，多在黄芪中下部老叶上先发生，然后向上蔓延，7 月上旬仍发展缓慢，7 月中旬至 8 月上旬发展迅速，其后继续发展蔓延，病情加重，直至采收。陕西省 2 年生黄芪田从 5 月中下旬开始发病，1 年生黄芪田 6 月中旬开始发病，直到 11 月份均有白粉病菌在田间再传播流行。

黄芪白粉病发生并流行与温度关系密切，干旱天气有利于分生孢子的传播；高温高湿的气候适合分生孢子的萌发侵入；频繁降雨不利于分生孢子的萌发，可减缓白粉病的传播。该病在重茬或与其他豆科植物连作的地块发病重，发病率达 46.7%～94.2%。新茬地或坚持 3 年以上轮作的地块发病轻，发病率为 9.7%～28.5%。

植株密度过高的地块白粉病发病重，密度适宜的地块因株间通风透光好，发病轻。据调查，地势高燥、排水良好的地块发病轻，发病率 10.2%～23.6%；而潮湿低洼的地块发病重，发病率 48.7%～96.5%。

偏施氮肥的地块，因植株徒长，导致抗病性降低，故发病重，严重度为 2～4 级；氮、磷肥配施的地块，因群体抗病力增强，所以发病轻。

田间调查发现，黄芪白粉病除危害黄芪外，还危害防风、沙苑子、金盏菊、豨莶草、苦参、补骨脂、紫菀等药材。

【防治方法】

1. 实行轮作 选用新茬地种植。避免与豆科作物连作及在低洼潮湿的地块种植，尤其不要与易感染此病的作物连作。

2. 合理密植　每公顷保苗 21 万～22 万株，以利通风透光。

3. 合理施肥　增施优质农家肥，配施化肥，增强植株的抗病性。

每公顷施优质农家肥 70 000 千克、纯氮 75 千克、五氧化二磷 30 千克。

4. 清洁田园，减少翌年初侵染病原　根据黄芪白粉病菌在枯枝落叶上越冬的习性，待收割完黄芪以后，扫除残枝落叶集中烧毁，以压低越冬菌源。当年收获的地块，收获后剪下的地上茎集中存放，统一处理。属于种子田、育苗田或需翌年收获的地块，秋后应到大田里检查，发现染病植株，及时将地上部分剪下并集中烧毁，然后对种子田、育苗田和翌年收获的地块，将地上部分茎叶全部割掉，集中存放，统一处理，以减少越冬病原。

5. 药剂防治　白粉病发生期长，可在发病初期、中期、后期进行药剂防治，三唑酮防治效果比较理想。方法如下：用 25% 三唑酮可湿性粉剂 800 倍液、25% 丙环唑乳油 2 000～3 000 倍液、50% 多菌灵可湿性粉剂 500～800 倍液、75% 百菌清可湿性粉剂 500～600 倍液、30% 石硫合剂固体 150 倍液、50% 硫黄悬浮剂 200 倍液等喷雾，选用以上任意一种杀菌剂或交替使用，每隔 7～10 天喷 1 次，连续喷 2～3 次，具有较好的防治效果。此外，发病初期用石硫合剂 1 000～1 500 倍液喷洒，或用 50% 硫菌灵粉剂 800 倍液叶面喷洒，10 天 1 次，连喷 2～3 次，有一定防治作用。

（二）根 腐 病

根腐病是黄芪最严重的病害，俗称麻坑病，是造成黄芪品质下降的主要原因。

【症　状】　病害一般从苗期播种后约 30 天，苗高 8～10 厘米开始发生，并由中心病株向四周蔓延。植株受害后地上部分长势衰弱，植株瘦小，叶色较淡或呈灰绿色，严重时整株叶片枯黄，脱落，地下根茎部表皮粗糙，微微发褐，有大量横向细纹，甚则产生大的纵向裂纹及龟裂纹。变褐根茎横切面韧皮部有许多空隙，呈泡沫状，有紫色小点，呈褐色腐朽，表皮易剥落；木质部的髓部初生淡黄色圆形环纹，扩大后变成粗环纹，后变为淡紫褐色至淡黄褐色，蔓延至根下部，皮易剥落。剖检病根，维管束组织变褐。被害植株根尖或侧根先发病，多从主根头部开始腐烂，病株主、侧根上均可见到变皱的褐色斑，严重时根皮腐烂呈纤维状，并向内蔓延至主根；发病后期茎基部及主根均呈红褐色干腐，根部表面粗糙，侧根腐烂，整个根系发黑溃烂，植株极易自土中拔起。土壤湿度较大时，根部产生白色菌丝，植株地上症状是非特异的，与地下害虫的伤害症状相似，故诊断困难。

【病　原】　黄芪根腐病是土壤中病原菌和病原线虫共同作用的结果，由镰刀菌及根腐线虫、矮化线虫引起。初步已确定命名的病原菌主要有 2 种，即尖镰孢菌和腐皮镰孢菌。尖镰孢菌主要侵染根的上部，被侵染的根部形成淡黄色的凹陷斑，表皮粗糙，严重的表皮开裂；腐皮镰孢菌亦主要侵染根的上部，被侵染的根部表皮呈淡褐色，有龟裂，缢缩，并形成黑褐色凹陷斑，部分斑点形成网状纵裂。

此外，还有两种致病菌 A、B，尚未鉴定定名。A 主要侵染根的上部，使表皮变成淡褐色，粗糙，并形成大小不等的黑色小孔。B 主要侵染整个植株，使植株表面形成淡褐色网状斑，个别形成斑点凹陷。

【发生规律】　受气候条件和栽培管理的影响，黄芪根腐病在多雨潮湿的地区或季节易发生，中心病株一般在 5 月上旬出现，以后逐渐蔓延，发病盛期为 7 月份至 8 月中旬，发病率 30%～50%。低温多湿或多雨，地势低洼，排水不良，容易导致根腐病的发生与蔓延。

影响黄芪根腐病发病率的因素主要有以下 4 个方面。

1. 种子　黄芪根腐病属于土传病害，以病残体和土壤带菌传播，虽然种子一般不带菌，但是也有一定的影响。种子饱满，成熟度好，发病率低；种子成熟度不一，种质差，发病率偏高。

2. 苗木、栽培方式　发病率从苗期到开花结果期逐渐升高，移栽田的发病率比直播田高。黄芪苗期发病率不足 5%，营养生长期发病较轻，营养生长与生殖生长并进期发病率上升，开花期和结实期发病最重，随着黄芪生长年限的增大发病率升高，3 年生的田块发病最重，2 年生的田块发病次之，1 年生田块的发病较轻。

3. 水量　黄芪耐旱、耐寒、耐贫瘠，喜干旱环境，多雨或积水都不利于其生长，会促使根腐病的发生。干旱年份比多雨年份发病率低；在正午或高温天气灌水、灌水量多、灌水速度慢、单口灌溉，发病率高；在大雨或连阴雨天气，发病率高，在结果期遇连阴雨发病率高达80%以上。

4. 种植密度 种植密度直接影响到发病率。据调查，在30万株、40万株、50万株、60万株/公顷^2 4种种植密度下，黄芪根腐病的发病率逐渐增大，分别为12.3%、15.1%、20.4%、32.8%。密度小的田块，单株生长良好发病率低，但产量低不可取，因此种植密度以40万～50万株/公顷^{2}为宜。

5. 耕作制度 黄芪根系相对发达，对耕作制度要求严格，不同的耕作制度会不同程度地影响根腐病的发生。研究发现：排水良好的沙壤土发病最轻，壤土地发病较重，黏土地发病最重；新开垦的荒地不发病或发病极轻，而种植多年的地发病重；精细整地的田地发病率比整地质量差、土壤质地粗糙的田地低；施优质农家肥的田地较只单施无机肥的田块发病轻；进行合理轮作的田地发病率低，迎茬或重茬种植黄芪的田地发病率高。据初步统计，重茬地发病率为55%以上，迎茬地发病率为33%以上，垄作或平畦的田块发病轻，平作的田块发病重。

【防治方法】

1. 农业防治 选择地势较高、排水良好、土层深厚、渗水力强、地下水位低的沙壤土或冲积土栽培黄芪，不宜选择白浆土、黏壤土、低洼积水的草甸土。科学选种，选择健康饱满的种子，以提高其发芽率和发芽势。前作物收获后及时翻耕土地，晾晒土壤以降低病害源，黄芪根系发达，需肥较多，种植前一次性施足基肥，将化肥与农家肥混施，保证黄芪所需养分。移栽时尽量减少伤口，齐苗后及时进行中耕除草，保持田园清洁，减少病虫危害，增强土壤通透性，提高植株抗逆能力。3月下旬至4月上旬种植，保证行距和株距，合理密植；前茬作物以玉米、小麦、棉花、蔬菜地或油菜地为宜，避免豆科植物、甜菜、胡麻、瓜类等茬口，忌重茬或迎茬，轮作期以4～5年为宜。黄芪1年需浇水4次，注意浇水时采用多水口浇灌，水速宜快不宜慢，水量宜小不宜大；田内不能有积水，若有积水应及时排除；阴雨天不浇水，正午或高温时不浇水；降水多的地区不浇或少浇水。在生长期可喷施铜、锌、锰等进行叶面施肥。

2. 药剂防治　秋季整地或种植前10～15天，用45%辛硫磷乳油与细沙土按1：300拌成毒沙土施入地内，防治地下害虫，或用50%多菌灵可湿性粉剂在无风条件下均匀喷施于地表，及时耙地，使土药混合均匀，然后耱平，预防效果达47%～56%。一旦发现有病株应及时拔除销毁，阻止病害的蔓延；也可用药剂浸苗的方法，种植前用50%甲基立枯磷粉剂与50%多菌灵粉剂等比例混合稀释200倍，浸苗5分钟后晾2小时移栽，防病效果高达85%以上；杀菌剂50%多菌灵粉剂、50%硫悬浮剂分别与杀虫剂27%皂素烟碱粉剂600～2 000倍混合后，浸苗10～30分钟，可有效控制黄芪根腐病危害。

（三）霜　霉　病

黄芪霜霉病是黄芪的主要病害之一。

【症　状】　霜霉病病原菌为黄芪霜霉菌，病斑叶生，叶正面淡褐色，边缘明显或不明显，叶背淡黄色至淡褐色，表生灰白色霉层，为病原菌孢囊梗和孢子囊；病斑受叶脉限制呈角状，大小为 5～9 毫米×2 毫米，发病严重时叶片枯黄，脱落，基部叶片发病重。表现系统性症状为全株矮缩，叶片变小黄化，但在叶片未见明显的霉层，生长后期几乎所有叶片均发病，叶背霉层明显，病株高仅有正常植株的 1/3。

【发生规律】　在甘肃地区 7 月上中旬出现零星病叶，8 月上中旬扩散迅速，其后病情继续扩展直至采挖，在连续阴雨天气易发生扩散，9 月份通常下部荫蔽处老叶上发生重，发病率 8.3%～42.5%。田间的中心病株，在发病后期病残组织内形成大量的卵孢子，卵孢子随病叶等病残组织落入土中越冬，成为翌年的初侵染源。

霜霉病的发生与降水、气温、海拔等关系密切。

1. 降水及结露时间　夜间结露时叶面水膜的存在有利于霜霉病菌孢子囊的萌发和侵染。降水量多、结露时间长，霜霉病发生重；降水量少、结露时间短，霜霉病发生轻。

2. 气温　黄芪霜霉病在气温 18℃以上的月份扩散蔓延较慢，在 14～18℃气温的月份扩散蔓延较快，病害发展迅速。气温降到 13℃以下，则病害发展缓慢。

3. 海拔　在海拔 2 000 米以下地区霜霉病发生较轻；在海拔 2 000 米以上地区，霜霉病发生较重。

【防治方法】

1. 药剂防治　在黄芪霜霉病发病初期，喷施 66.8%

丙森·缬霉威粉剂 400～500 倍液、60% 唑醚·代森联粉剂 1 000～1 250 倍液、52.5% 噁酮·霜脲氰粉剂 1 500 倍液、70% 氟吡·霜霉威水剂 800 倍液以及 70% 丙森锌粉剂 200～300 倍液，每 8～10 天喷施 1 次，连续喷药 2～3 次，可有效地控制病害。为延缓病原菌产生耐药性，可交替使用上述药剂。另外，由于病原菌霜霉状物主要生长于叶背，因此喷药时注意均匀喷施叶面叶背，以达到良好的防治效果。

2. 农业防治　合理密植，保持田间通风良好，合理施肥，提高植株抗病性，收获后及时清除病株残体，减少越冬菌源。

（四）麻口病

黄芪麻口病是近年来在甘肃省、陕西省等黄芪主产区危害黄芪的主要病害之一。黄芪麻口病不仅影响黄芪的产量，而且严重影响黄芪的品质，影响价格。

【症　状】"麻口病"这种形象的称呼来源于黄芪种植地群众，因为表现麻口病典型症状的是黄芪根上有许多麻子粒大小、黑褐色的坑或洞（伤口愈合组织），坑（洞）可深达木质部，严重时小坑紧密相连，造成"麻点"或"麻坑"，故此得名。调查中发现，在危害较为严重的黄芪根部，既有蛴螬、黄芪根瘤象幼虫危害的虫害症状，又有镰刀菌引起的根腐病病害症状。由于黄芪种植地群众对病或虫的危害区分不是很清楚，所以将黄芪根部有虫取食过或者有病斑的统称为"麻口病"。该病破坏黄芪的根部组织、影响生长、降低产量及品质。

【病　原】　目前研究，已排除黄芪麻口病由线虫危害引起的可能。研究表明引起黄芪根腐病的主要病原菌是菌尖镰孢菌和腐皮镰孢菌，黄芪根瘤象是造成黄芪麻口病的主因。因为以上2种镰刀菌均可侵染黄芪根部形成腐病症状而不能形成麻口症状，但这两种镰刀菌可以侵染黄芪根瘤象幼虫造成的伤口，黄芪根瘤象幼虫造成的伤口利于镰刀菌的侵染，有利于麻口病形成出现。

【发生规律】　麻口病在黄芪整个生长期均可发生，一般2年生和3年生地块发病最重，6月中上旬为发病始盛期，7～9月份到达高峰。

【防治方法】　防治黄芪的地下害虫，如根瘤象等，有利于减轻麻口病的发生。黄芪生长期长，防治地下害虫既要考虑残效期相对要长，又要考虑不能有残留，在播前撒施杀虫剂进行土壤处理，对麻口病的防治效果较好。

（五）白绢病

黄芪白绢病是一种土传病害，可危害多种植物，防治困难。该病病原菌无性阶段为齐整小菌核菌，有性阶段为白绢伏革菌。

【症　状】　黄芪白绢病发病部位为茎基部，茎基部先出现水渍状黄褐色斑，后变褐腐烂，病部及附近土面长有白色绢状毛霉，并结生有油菜粒状颗粒。叶也可发病，发病后黄芪叶片自下而上逐渐枯萎，黄芪地上部逐渐枯死。白绢病发病初期，病根周围及附近表土产生棉絮状的白色菌丝体，菌丝体密集而成菌核，初为乳白色，后变米黄色，最后呈深褐色或栗褐色。白绢病根系腐烂殆尽或残留纤维状的木质部，极易从土中拔起，地上部枝叶发黄，植株枯萎死亡。发病时遇到高温高湿季节或土壤渍水条件，病情严重。

【发生规律】　主要发生于夏秋季节，一般田块植株发病率达 5%～20%。该病的发生与气候关系很密切。25℃以上的气温有利于该病的发生，特别是当 7～8 月份平均温度在 25～28℃时，降雨量多，湿度大，病害发生更为严重。此病一般在 5 月下旬零星发生，7～8 月份为盛发期。在栽培条件相同的情况下，地势较低，雨后积水的比地势高、排水情况较好的地块发病重。

【防治方法】

1. 无病田种植　种植地块选择无白绢病发生的土地。

2. 合理轮作　与禾本科作物轮作或水旱轮作，轮作的时间以间隔 3～5 年较好。

3. 土壤处理　播前土壤施石灰消毒，也可于播种前施入杀菌剂进行土壤消毒，常用的杀菌剂为 50%多菌灵可湿性粉剂 400 倍液，拌入 2～5 倍的细土。一般要求在播种前 15 天完成，可以减少和防止病菌危害。也可以 60%棉隆可湿性粉剂作消毒剂，但需提前 3 个月进行，按 10 克/米² 与土壤充分混匀。

4. 合理施肥　禁施未经高温处理未腐熟的堆肥，施用硝酸钙、硫酸铵氮肥可减轻发病。

5. 药剂防治　浇注防治，可用 50%混杀硫悬浮剂或 30%甲基硫菌灵悬浮剂 500 倍液，20%三唑酮乳油 2 000 倍液，任选其中一种，每隔 5～7 天浇 1 次。20%甲基立枯磷粉剂 800 倍液于发病初期灌穴或淋施 1～2 次，每 10～15 天 1 次。发病初期，用 50％多菌灵粉剂 800 倍液灌病株及周围的植株。发现病株立即拔除，用 50％代森铵水剂 800 倍液洒施植株根茎部及地面，7～10 天 1 次。

（六）枯萎病

【症　状】　黄芪幼苗期发病叶色浅黄，生长迟缓，茎基部产生褐色条斑，绕根茎扩展，致根皮腐烂；地上部叶色变黄，逐渐萎蔫枯死。成株期发病病株叶片自上而下或自下而上变黄萎蔫，叶缘内卷，逐渐变褐干枯。重病株近地面的茎部黑褐色；地下的茎表皮纵裂，皮下疏松，后期呈乱麻丝状；根颈部皮层呈紫红色、红褐色、黑褐色，并向下、向内腐烂；主根中部出现红褐色条斑，表皮纵裂，皮层腐烂，极易剥落；木质部外露，有时成段软腐，挤压溢出琥珀色胶状物；地上部茎叶枯死，病株极易拔起。感病较轻或较晚的植株，主要为半边根系和相应的分支或分支茎秆一侧出现根腐、茎腐或褐色条斑，使发病一侧的部分分支枯死，未死分支上的叶片变黄、萎蔫或部分支叶枯死。后期如果病斑绕根茎部，整株枯死。枯死植株在潮湿的条件下，根冠部或地下茎部仍可再生新的枝叶维持生长。土壤湿度较大时在根部产生一层白毛。

【发生规律】　枯萎病病原菌有多个，带菌的土壤和种苗是根腐病的主要初侵染源。常于 5 月下旬至 6 月初开始发病，7 月以后严重发生，常导致植株成片枯死。地下害虫活动频繁，地势低洼，都有利于病害的发生或加剧。

黄芪枯萎病在黄芪整个生长期均可发生，以第二年生长中后期至第三年生长期发病最重。发病适宜温度12～22℃，在一年中，以6月份为发病始盛期，8～9月份为高峰期。发病程度与温度和降雨关系密切。5月份降雨量较多，但气温较低，发病缓慢；7月份气温虽高，但干旱少雨，8月份病情扩大相对减缓；8月份降雨偏多，9月份病情指数迅速上升；10月份随着气温下降，发病速度逐渐回落。移栽的带病苗或移栽后发病的植株，根部腐烂斑主要分布于根的中部，随着植株生长和气温回升，根中部病斑不断产生和扩大，根颈部腐烂株数则迅速增加。

【防治方法】　①深耕，增施有机肥。②整地时进行土壤消毒，清洁地块，防止病害蔓延。③采挖后及时清除田间带病枝叶集中深埋或烧毁。④病区不用病株沤肥，不取病土垫圈。山区地势高低不同的发病田块，要修好排水沟，以防病菌随雨水漫流，扩散传播。⑤轮作换茬，对发病严重的地块，实行黄芪与马铃薯、玉米、小麦等非寄主作物轮作。⑥对带病种苗进行消毒后再移栽。种植上选用无病的种子。⑦药剂防治，初见病株时，用50%多菌灵粉剂、70%甲基硫菌灵可湿性粉剂、58%甲霜·锰锌可湿性粉剂500倍液喷雾，7～10天1次，连用2～3次，可有效防治。

枯萎病的防治也可参考白粉病防治。

（七）锈　病

黄芪锈病主要危害叶片，发生严重时，常导致叶片枯死，影响根部产量。

82

【症　状】　锈病发生时病叶正面出现褪绿色斑，背面有淡黄色疱斑。疱斑破裂后孢子堆布满全叶，呈锈黄色。被害叶片背面生有大量锈菌孢子堆，常聚集成中央一堆。锈菌孢子堆周围红褐色至暗褐色，后期产生深褐色冬孢子堆，发生严重时叶片枯死。叶面有黄色的病斑，后期布满全叶，最后叶片枯死。夏孢子堆常布满全叶，后期产生深色的冬孢子堆。

【发生规律】　黄芪锈病是由单胞锈菌属真菌所致的病害。病菌有转主寄生现象，性孢子和锈孢子阶段寄生于大戟属植物，在芦头、病残叶内存活越冬。生长季节以夏孢子反复侵染危害。锈病在东北地区7～8月份为盛发期。田间种植密度过大、施氮肥过多、高湿多雨有利于发病。

【防治方法】　①选择向阳坡、排水良好、土质深厚、不重茬的沙壤土种植。②生长期注意开沟排水，降低田间湿度。③注意选种和种子消毒。④实行轮作，合理密植。⑤加强田间管理，彻底清除田间病残体，并及时喷洒硫制剂或20%三唑酮可湿性粉剂2 000倍液有效，可有效降低越冬菌源基数。⑥适时灌水，合理施肥。⑦药剂防治。发病初期应及时喷药防治，使用25%三唑酮可湿性粉剂700倍液、80%代森锰锌可湿性粉剂700倍液喷雾防治，或者发病初期喷80%代森锰锌可湿性粉剂600～800倍液或97%敌锈钠粉剂500倍液防治。

（八）紫纹羽病

【症　状】　黄芪紫纹羽病由地下部须根首先发生，以后菌丝体不断扩大蔓延至侧根及主根。病斑初为褐色，病根由外向内腐烂，流出褐色、无臭味的浆液。皮层腐烂后，易与木质部剥离。皮层表面有明显的紫色菌丝体或紫色的线菌索。后期，在皮层上生成突起的深紫色不规则的菌核。有时在病根附近的浅土中可见紫色菌丝块。菌丝体常自根部蔓延到地面上，形成包围茎基的一层紫色线状皮壳，即为病原菌菌膜。

【病　原】　病原菌是卷担子菌属病菌，寄主范围广。药用植物中除危害黄芪外，还可危害黄连、党参、桔梗、巴戟天、北沙参、丹参、紫苏等。病菌以菌丝体、根状菌索或菌核在病根及土壤中残留越冬，可存活多年。遇到寄主首先侵染细根的柔软组织，引起软化腐烂，而后蔓延到主根。

【发生规律】　病菌主要靠病健根接触、菌索的扩展而传播，灌溉水和农具等也能传播。担孢子在雨季形成但寿命较短，不能起传播作用。在新开垦的生荒地和树林边迹地黄芪发病重。根部被牲畜践踏受伤、长势衰弱的植株及土壤偏酸性的易发病。黄芪整个生长季节都能发生病害，一般在 6 月下旬始发病，以 8～9 月份症状最为显著。土壤黏重、重茬地容易发病。

【防治方法】　①清除病残组织，集中烧毁或沤肥。②实行轮作，与禾本科作物轮作 3～4 年后再种。③发现病株，及时连根带土移出田间，防止菌核、菌索散落土中。④病土处理可施用石灰氮 20～25 千克 / 667 米^2 消毒，但必须早 2 周前耕翻入土壤中，使其有效成分氰氨分解成尿素后才可种植。⑤用 70% 甲基硫菌灵可湿性粉剂 1000 倍液、

50%苯菌灵可湿性粉剂1 000～2 000倍液或50%多菌灵可湿性粉剂1 000倍液浇灌。

（九）根结线虫病

【症　状】　黄芪根部被线虫侵入后，导致细胞受刺激而加速分裂，形成大小不等的瘤结状虫瘿。主根和侧根能变形成瘤。瘤状物小的1～2毫米，大的可以使整个根系变成一个瘤状物。瘤状物表面初为光滑，以后变为粗糙，且易龟裂。患病植株枝叶枯黄或落叶。

【病　原】　线虫为长洋梨形，头尖腹圆，呈鸭梨形，会阴部分的弓纹较高，横条沟呈波纹状，间距较宽，侧线有时不清楚，在弓纹中心的横沟呈旋涡状不规则。雄成虫蛔虫形，尾端椭圆无色透明。雌虫长0.61～0.75毫米，雄虫长0.8～1.9毫米。

【发生规律】　土中遗留的虫瘿及带有幼虫和卵的土壤是线虫病的传染源。带有虫瘿的土杂肥、流水和农具等均可传播。6～10月份均有发生。透气性较好的沙性土壤对线虫生长发育有利，常发病严重。

【防治方法】　①忌连作，与禾本科作物轮作或水旱轮作。②及时拔除、清理病株。③施用充分腐熟的农家肥。④土壤消毒，参照白绢病。

二、黄芪虫害

危害黄芪的众多害虫中，危害严重、造成较大经济损失的有蚜虫、黄芪籽蜂、芫菁等，是生产上需要重点解决的问题，除此之外还有豆荚螟、地老虎等。

（一）蚜 虫

【症 状】 蚜虫又名蜜虫，危害黄芪的蚜虫是槐蚜和无网长管蚜的混合群体，以槐蚜为主，多集中危害枝头幼嫩部分及花穗等。植株病害率可高达80%～90%，虫情指数可达25.8%～30.4%，蚜虫主要危害嫩芽和嫩叶。被害叶片初期呈白色细小斑点，之后逐渐变红，严重时全叶变成红褐色，易脱落，致使植株生长不良，造成落花、空荚等，严重影响种子和商品根的产量。该虫危害多群集嫩芽、嫩叶上吸食汁液，使芽梢枯萎，嫩叶卷缩，其分泌物常引起病菌繁殖，严重影响寄主的生长。

【形态特征】 槐蚜又名花生蚜、苜蓿蚜、菜豆蚜。分布于山东、北京、河北、河南、江苏、湖北、江西、新疆、辽宁等省、自治区、直辖市。能寄生200多种植物。

1. 有翅胎生雌蚜 体长1.4～1.8毫米，黑色或黑褐色，有光泽。触角6节约与体等长，第1、2节及第5、6节端部为黑褐色，其余皆为黄白色。第3节感觉孔4～7个，多数5～6个排列成行，呈黄白色。后足基节、转节、跗节、爪及胫节的端部为褐色。腹部1～6节背面各有硬化斑，腹管细长，约为尾片的3倍，黑色，明显上翘，两侧有刚毛3根。

2. 无翅胎生雌蚜 体长1.8～2.0毫米，体较肥胖，黑色或紫黑色，少数为黑绿色，具光泽，体被薄蜡粉。触角

6节，约为体长的3/4，第1、2节和第5、6节的端部为黑褐色，其余为黄色。后足腿节、胫节的端部及跗节、爪为黑色。腹部1～6节背面隆起似大形隆斑，分节界限不清，各节侧缘有明显的凹陷。腹管细长，约为尾片的2倍，黑色。尾片特征同有翅胎生雌蚜。

3. **卵**　长约0.5毫米，初产为淡黄色，后变草绿色，最后呈黑色，有光泽。

4. **有翅胎生若蚜**　体长约1毫米，体黄褐色，被有白色蜡粉。翅芽基部淡褐色。腹管黑色细长，为尾片的5～6倍。尾片黑色，不上翘，呈三角形。

5. **无翅胎生若蚜**　体长约1毫米，体灰紫色或黑褐色，体节明显。尾片三角形，不上翘，其余略同成蚜。

【发生规律】　常群居，6～7月份是危害盛期，危害上部嫩梢。干旱时发生严重。1年发生多代。主要以无翅胎生雌蚜、若蚜栖息于背风向阳的山坡、地堰、沟边、路旁的地丁、野苜蓿、野豌豆等杂草和冬豌豆的心叶及根茎交界处越冬，也曾发现过少量越冬卵。翌年3月份在越冬寄主上大量繁殖，至4月中下旬产生有翅胎生雌蚜，中间寄主迁飞，形成春季的第一次迁飞高峰。

该虫害发生与温湿度有一定关系。越冬的无翅胎生若蚜在 -12～-14℃下持续12小时，虽然大部分个体冻僵，但日平均气温回升至 -4℃时仍能恢复活动。无翅胎生雌蚜在日平均气温 -2.6℃时个别虫体仍可繁殖。在平均气温 -0.1℃时能增殖21.85%，一般平均气温15～23℃为繁殖适温，19～22℃为最适宜繁殖温度，低于15℃，高于 24℃时，繁殖受到一定的抑制。湿度和降水是决定蚜种群数量变动的主导因素。空气相对湿度在 60%～75% 时有利于其繁殖危害，当空气相对湿度在 80% 以上时，蚜群数量逐渐下降。一般 4～6 月份降雨少，空气相对湿度在 50%～80% 之间，有利于该虫的繁殖，往往大量发生。暴雨常造成蚜虫大量死亡，种群密度迅速下降。

槐蚜天敌的种类较多，对其种群数量消长影响较大的有瓢虫、蚜茧蜂、草蛉和食蚜蝇等。

【防治方法】　①1.5% 乐果粉剂，每 667 米^2 用量 1.5～2.0 千克进行喷粉。②用 50% 抗蚜威可湿性粉剂 1 500～3 000 倍液，或 40% 乐果乳油 1 000～1 500 倍液，或 50% 马拉硫磷乳油 1 000 倍液喷雾。

（二）黄芪籽蜂

黄芪籽蜂对种子危害率一般为 10%～30%，严重者达到 40%～50%。黄芪籽蜂是危害黄芪的严重虫害，是 5 种广肩蜂科的混合群体，包括黄芪种子小蜂、内蒙古黄芪籽蜂、北京黄芪籽蜂、拟京黄芪籽蜂外、圆腹黄芪籽蜂。除黄芪籽蜂外，豆荚螟、苜蓿夜蛾、棉铃虫、菜青虫 4 种害虫对种荚的总危害率在 10% 以上。

【症　状】　主要危害黄芪种子。在黄芪青果期，幼虫钻入种内取食种肉，只留下种皮。

【形态特征】

1. 内蒙古黄芪籽蜂　雌体长 2.3～2.5 毫米。体黑色；复眼朱红色；触角局部黑褐色，大部黄褐至褐色；足大部分为黑色或黑褐色，余为黄褐色；翅无色透明，翅脉黄褐色。头顶弧形。单眼排列呈 120° 钝角三角形。后头无缘，略内陷。复眼卵圆形。触角着生于颜面中部，触角洼深陷，两触角洼被纵走突起所分隔；颜面介于触角窝至唇基间的部分亦略为隆起呈丝光的纵向扁平突起；柄节柱状，高与中单眼齐平；梗节梨形，长为宽的 1.5 倍。胸部隆起，小盾片后缘稍突出。胸高小于胸长之半。前翅长为宽的 2 倍有余，肢脉端部膨大呈半圆形。腹部卵圆形，光滑，第一腹背板与体轴呈 45°夹角；第三、四腹背板等长，腹末背板与产卵器鞘向后平伸，产卵器不外露。头、胸部长度之和等于或略大于腹长。

雄体长 1.7～2.0 毫米。体黑色；触角局部黑色，余为黄褐色；足局部黑色或棕色，余为火红色。触角梗节长略大于或等于宽，索节各节两侧均收缩呈锯齿状偏连，索节有数轮淡黄色长感觉毛。并胸腹节中部平坦，有略呈纵走向网状刻纹。腹部小圆筒形，第一腹背板和体轴呈 60°夹角，第二背板略上突，第三背板最长，约为第二节长之 2 倍，以后各节隐入体内。

2. 北京黄芪籽蜂 北京黄芪籽蜂形态，雌体长 2.4～2.8 毫米，体黑色；复眼朱红色有黑色镶边。触角梗节基部为黑褐色，余为黄至褐色。足局部黑色，余为黄色。产卵器火红色。翅基片、前翅翅脉及小云斑均黄色。触角着生于颜面中部偏低，触角窝深陷，触角窝至唇基有纵向隆起，沿口缘有多数明显的放射状刻纹。触角柄节端部与中单眼平齐，柱状；梗节梨形，长为宽的 1.5 倍。胸部隆起。小盾片长宽相等。其胸腹节与体轴几垂直。前翅长为宽的 2 倍。缘脉下方、肢脉和后缘脉基部有云斑；肢脉端部膨大呈半圆形；腹部长卵圆形，光滑，侧扁。第一腹板背和体轴呈 30°～40° 夹角；第三、四腹背片等长，第二、五、六腹背片长均为第三背片之半。腹末背板及产卵器上翘，与体轴呈 45° 夹角；产卵器外露长。头胸长度之和略小于腹长。雄体长 2.0～2.5 毫米。体黄至火红色并具大小不等的黑斑。触角第一索节略长于以后各节，第二至四索节长度相等，长为宽之 2 倍；索节一侧收缩呈锯齿状偏连。索节具 2～3 轮长感觉毛。第一腹背板与体轴呈 45° 夹角。寄主植物：蒙古黄芪、东北黄芪和华黄芪。

3. 圆腹黄芪籽蜂　雌体长 2.2～2.5 毫米。体黑色；复眼朱红色有黑色镶边。触角局部黑褐色，大部黄色。足局部黑色，大部黄至火红色。翅无色透明；前翅缘脉、后缘脉下方和肢脉基部有云斑。头顶弧形。单眼排列呈 120° 钝角三角形。触角着生于颜面中部；触角洼深陷；触角窝至唇基间距离的 1/2 处有纵向隆起，沿口缘有放射状刻纹。柄节柱形，末端抵达中单眼；梗节梨形，长为宽的 1.5 倍。胸部隆起，小盾片后缘稍突出。胸高约为胸长之半。前翅长为宽之 2 倍，肢脉端部呈鸟喙状膨大，末端向前延伸。腹部显著侧偏，背腹面均隆起，侧面观为扁圆形，腹部高度约为胸高的 1.5 倍，光滑；第一腹背片与体轴呈 60° 夹角，第三、四背片等长，腹末背片和产卵管鞘呈犁头状，明显翘起，与体轴呈 60° 夹角，产卵器不外露。头、胸长度之和小于腹长。

雄体长 2.0～2.4 毫米。身体除腹部腹面、触角及足局部为褐色和火红色外为黑色。翅脉淡黄色。触角细长，柄节端部 2/3 侧偏膨大；梗节梨形，长略大于宽。腹部背腹面均隆起，呈卵圆形。第一腹背片几与体轴垂直，第三、四背片等长，约为第二背片长之 2 倍。

4. 拟京黄芪籽蜂　雌体长 2.7～3 毫米，体除腹面前半部有火红色部分外，余为黑色。触角和足局部黑褐色，大部为黄色。复眼朱红色有黑色镶边。翅无色透明；前翅翅脉和翅基片黄色。头顶弧形，后头无缘，稍凹陷。复眼卵圆形，光滑无毛。触角洼深陷，触角窝以上颜面稍突出；柄节柱状，高不及中单眼；梗节梨形。胸部稍隆起，胸腹节与体轴呈 60° 夹角，中区凹陷；胸高约等于胸长之半。前翅长约为宽 2.3 倍；肢脉端部膨大成半月形。腹部长圆筒形，粗壮；胸腹部等长。头、胸长度之和小于腹长。第一腹背板与体轴垂直，第三腹背板为第二背板长度之 2 倍，第三、四背板等长；第五、六背板等长，略短于第三背板。腹末背板和产卵管鞘上翘，与体轴呈 45° 角，产卵管不外露。

雄体长 2.4～2.9 毫米。体局部褐黄色，大部黑色。复眼朱红有火红色镶边。触角柄节柱状，索节一侧收缩呈锯齿状偏连。腹部侧面观为三角形。第一腹背板几与体轴垂直，体粗壮。腹柄长宽相等或长略大于宽。

【发生规律】　寄主植物为蒙古黄芪、东北黄芪。生活史，1 年发生 3 代，第三代有部分幼虫在黄芪籽内滞育越冬。主要分布在北京、河北、山东等地。

【防治方法】　①及时清除田间杂草，处理枯枝落叶，减少越冬虫源。②种子收获后用50%多菌灵可湿性粉剂150倍液拌种。③药剂防治，在盛花期和末花期各喷40%乐果乳油1000倍液1次；种子采收前每667米² 喷5%甲萘威粉剂1.5千克。

（三）芫　菁

危害黄芪的芫菁有多种，以中国豆芫菁、大头豆芫菁、暗头豆芫菁数量居多，占总数的80%以上，其次为蒙古斑芫菁、苹斑芫菁，个别还有丽斑芫菁、小斑芫菁和绿芫菁。下面介绍中国豆芫菁，其他芫菁的防治方法可参考中国豆芫菁。

【症　状】　芫菁取食黄芪茎、叶、花，喜食幼嫩部分，严重时可在几天之内将植株吃成光秆。

【形态特征及生活习性】

1. 形态特征

（1）**成虫**　体长11～19毫米，头部红色，胸腹和鞘翅均为黑色，头部略呈三角形，触角近基部几节暗红色，基部有1对黑色瘤状突起。雌虫触角丝状，雄虫触角第三至七节扁而宽。前胸背板中央和每个鞘翅都有1条纵行的黄白色纹。前胸两侧、鞘翅的周缘和腹部各节腹面的后缘都生有灰白色毛。

（2）**卵**　长椭圆形，长2.5～3毫米，宽0.9～1.2毫米，初产乳白色，后变黄褐色，卵块排列成菊花状。

（3）**幼虫**　芫菁是复变态昆虫，各龄幼虫的形态都不相同。初龄幼虫似双尾虫，口器和胸足都发达，每足的末端都具 3 爪，腹部末端有 1 对长的尾须。二至四龄幼虫的胸足缩短，无爪和尾须，形似蛴螬。五龄似象甲幼虫，胸足呈乳突状。六龄似蛴螬，体长 13～14 毫米，头部褐色，胸和腹部乳白色。

（4）蛹　体长约 16 毫米，全体灰黄色，复眼黑色。前胸背板后缘及侧缘各有长刺 9 根，第 1～6 腹节背面左右各有刺毛 6 根，后缘各生刺毛 1 排，第 7～8 腹节的左右各有刺毛 5 根。翅端达腹部第 3 节。

2. 生活史和习性　豆芫菁以五龄幼虫（假蛹）在土中越冬，翌年春季继续发育为六龄幼虫，然后化蛹。一代于 6 月中旬化蛹，成虫于 6 月下旬至 8 月中旬出现危害，8 月份为严重危害时期。二代成虫于 8 月中旬出现，9 月下旬至 10 月上旬虽仍有成虫发生，但数量逐渐减少。

成虫白天活动，有群集危害的习性，活泼善爬，喜食嫩叶，也能取食老叶和嫩茎。叶被害后，往往仅留叶脉，严重时全株叶片被吃光，影响开花结实。常点片发生，局部地区能成灾。成虫受惊时迅速散开或坠落地下，且能从腿节末端分泌含有芫菁素（或称斑蝥素）的黄色液体，如触及人体皮肤，能引起红肿发疱。

成虫羽化后 4～5 天即交配产卵，每一雄虫可交尾 3～4 次，每雌虫仅交尾 1 次。产卵前先用口器和前足在地面挖掘深约 3.8 厘米、上狭下阔的斜行卵穴，然后产卵于穴底。每穴产卵 70～150 粒，呈菊花状排列，约经 24 小时产毕，再用泥土封塞穴口，每一雌虫能产卵 400～500 粒，卵期 18～21 天。

【发生规律】　芫菁成虫是植食性的害虫，但在幼虫期却以蝗卵为食，幼虫孵出后即在土中分散觅食，如无蝗卵可食，则饿死。幼虫共 6 龄，在北京地区，初龄历期 4～6 天，二至三龄 4～7 天，四龄 5～9 天，五龄 292～298 天，六龄 9～13 天；一至四龄食量逐渐增加，五至六龄不需食料，幼虫期可食蝗卵 45～104 粒。1 个蝗虫卵块只可供 1 头幼虫食用，如有多头初龄幼虫群集于同一卵块，可引起互残。末龄幼虫在土中化蛹，蛹期 10～15 天。

【防治方法】

1. 农业防治　冬季翻耕土地，消灭越冬幼虫。

2. 人工网捕成虫　因有群集危害习性，可于清晨网捕。

3. 药剂防治　每 667 米^{2}用 2.5% 敌百虫粉剂 1.5～2.0 千克喷粉，或喷施 90% 敌百虫晶体 1 000 倍液，每 667 米^{2}用药液 75 千克，均可杀死成虫。

（四）豆荚螟

豆荚螟俗称红虫。属鳞翅目，螟蛾科。可危害 60 余种豆科植物，豆荚螟在各地的危害情况，因气候和中间寄主条件不同而有差异。

【症　状】　豆荚螟可采食豆荚内种子，经常采食相邻多个豆荚。

【形态特征】

1. 成虫　体长 10～12 毫米，翅展 20～24 毫米，雌蛾比雄蛾略长 1～2 毫米。全体灰褐色。头部复眼圆形、黑色，触角丝状，雄蛾鞭节基部有 1 丛灰白色鳞毛。前翅翅表灰褐色，杂有深褐、灰白及黄色鳞片，翅前缘自基角到翅尖有 1 条明显白色纵带，近翅基 1/3 处有 1 条金黄色横带，此带内缘有较厚的银白色鳞片带，翅缘有淡灰色缘毛；后翅黄白色，沿外缘有 1 条褐纹，缘毛灰白色。雄蛾腹部末端钝形，长有鳞毛丛；雌蛾腹部圆形，鳞毛较少。

2. 卵 椭圆形，大小为 0.5～0.6 毫米×0.4 毫米，卵壳表面密布网状纹，初产时乳白色，渐变红色，孵化前呈暗色。

3. 幼虫 共 5 龄。一龄体长 0.6～2 毫米，淡黄白色，头壳、胸足均为黑色，前胸盾板呈黑色"山"字纹；二龄体长 2～6 毫米，体白色；三龄体长 6～9 毫米，体暗灰绿色，前胸盾板黑色，与头壳分离，"山"字纹明显，腹部各节毛瘤明显；四龄体长 9～18 毫米，体暗灰色变紫红色，前胸盾板显"人"字纹，前缘两角，后缘中部各具黑斑 2 个；五龄体长 14～18 毫米，体紫红色，腹面及胸部背面两则呈青绿色，背线、亚背线、气门线、气门下线均明显，并着生体毛，腹足趾钩双序全环。

蛹体长约 10 毫米，初化蛹为绿色，以后逐渐呈黄褐至褐色。翅芽及触角长达第五腹节后缘，腹端钝圆，具臀棘 6 枚。

【生活习性】 豆荚螟每年发生代数随地区及当年气候情况而异。以老熟幼虫在土中越冬，越冬代成虫主要在豌豆、绿豆、苕子等豆科植物上产卵，一代幼虫危害荚果，二代危害春播大豆或绿豆等其他豆科植物；老熟幼虫在 10～11 月份入土越冬。

成虫白天栖息在寄主植物或杂草叶背或阴处，晚间活动、交尾产卵，有弱趋光性。成虫飞翔能力弱，但速度快，一般做短距离飞翔，受惊后飞翔距离可达 3～5 米。雌蛾产卵时分泌黏液，卵多产于荚毛间，荚毛少或无毛荚上产卵甚少；少数产于幼嫩叶梢、叶柄、花柄或叶背。雌蛾产卵次数 1～14 次，平均 4.1 次，每次产卵数量 1～338 粒，平均 44.5 粒。调查羽化成虫 670 头，雌雄比为 1.1∶1.2。

幼虫出卵壳后即在豆荚上爬行或吐丝悬垂到其他枝荚上，在适当部位做一白色小丝囊，然后从丝囊下蛀入荚内，丝囊留于孔外。幼虫蛀入豆荚的时间，依豆荚硬度及荚的老嫩而不同，2 小时后未能蛀入荚内则大量死亡。幼虫转荚危害时，入孔处也有丝囊，脱荚孔则无丝囊，该特点在大田中可鉴别荚内是否有幼虫及幼虫数量。转荚次数依豆粒大小及虫龄不同而有差别。老熟幼虫脱荚后，潜入植株附近 5～6 厘米深处土中结茧化蛹。

【发生规律】 田间豆荚螟的消长与温湿度、寄主特性、天敌数量等因素关系很大。豆荚螟于 6 月中旬至 9 月下旬发生，成虫在黄芪嫩荚或花苞上产卵，孵化出幼虫即蛀入荚内食害种子，食完一荚转入另一荚，豆荚螟于花期防治。

豆荚螟发育起点温度：卵 13.9℃，幼虫雄性 15.1℃、雌性 14.9℃；蛹雄性 14.6℃、雌性 15℃。发育有效积温（日度）：卵为 67.9℃，幼虫雄性 166.5℃、雌性 168℃；蛹雄性 147.1℃、雌性 135.7℃。各地温度不同，世代数也不同。各世代虫态历期在 15～32℃范围内，随温度增高而缩短。

在适宜温度下，湿度对豆荚螟发生有很大影响。室内测定观察，雌蛾在空气相对湿度低于60%以下时产卵少，甚至不产卵。产卵适宜空气相对湿度为70%，湿度过高对产卵也不利。土壤饱和水分为100%（绝对含水量31%）时，幼虫化蛹率低，蛹羽化率低；土壤饱和水分为25%（绝对含水量12.7%）时，幼虫化蛹率及蛹羽化率均高。

豆荚螟是一种转主危害的害虫，早期世代多在早于大豆开花结荚的豆科植物上发生，而后转入豆田危害。因此，这些中间寄主的存在对其发生发展影响很大。中间寄主面积大、种植期长、距离豆田近，都会增加大豆田的虫口数量。

在温度较高情况下，白僵菌对幼虫寄生率高。天敌寄生蜂能抑制豆荚螟发生。豆荚螟卵期、幼虫期、蛹前期均有天敌寄生蜂，主要有下列几种：卵期有微小赤眼蜂，幼虫期有豆荚螟甲腹茧蜂、豆荚螟小茧蜂、豆荚螟瘤姬蜂、豆荚螟茧蜂、瘦姬蜂、豆荚螟褐姬蜂，蛹前期有豆荚螟姬蜂、豆荚螟白点姬蜂。

【防治方法】

1. 农业防治　适当调整播种期，使结荚期避开1代成虫产卵盛期；水旱轮作，开花期灌水，提高土壤湿度；及时收获，将未脱荚幼虫集中处理；冬季翻耕土地，消灭越冬幼虫。

2. 药剂防治　在田间发生期，于成虫盛发期或卵孵化盛期前喷药于豆荚上，杀死成虫及初孵幼虫。老熟幼虫出荚入土前，施药以地表为主，毒杀入土老熟幼虫，此时以选用残效期长的药剂为宜。以下药剂防效较好：90%敌百虫晶体 700～1 000 倍液或 50% 杀螟硫磷乳油 1 000 倍液。每 667 米² 施药量 75 千克。或用上述药剂低浓度粉剂，每 667 米² 喷粉 1.5～2.5 千克。老熟幼虫在日晒高温下，出荚爬向四周，可以集中用药剂杀灭。

3. 生物防治 老熟幼虫入土前，田间湿度高时，可施白僵菌粉剂。发生期释放寄生蜂如赤眼卵蜂防治效果也较好。

（五）蛀茎虫

【症　状】 幼虫主要蛀食花枝基部，破坏输导组织，直接造成秕粒和落花落荚，严重时花枝全部死亡。

【形态特征】 幼虫体长 6～8 毫米，白色略扁，全身布细毛。

【发生规律】 黄芪蛀茎虫多发生在结荚期。7 月上中旬发生危害，一生可连续危害 7～8 根枝条。

【防治方法】 发生期喷 20% 甲氰菊酯乳油 2 500 倍液或 20% 哒螨灵粉剂 3 000 倍液防治效果很好。

（六）网目拟地甲

【症　状】 幼虫取食幼苗根部，易造成大量缺苗，影响出苗率及黄芪的正常生长。

【形态特征】

1. 成虫 雌成虫体长 7.2～8.6 毫米，宽 3.8～4.6 毫米；雄成虫体长 6.4～8.7 毫米，宽 3.3～4.8 毫米。成虫羽化初期乳白色，逐渐加深，最后全体呈黑色略带褐色，一般鞘翅上都附有泥土，因此外观呈灰色。虫体椭圆形，头部较扁，背面似铲状，复眼黑色在头部下方。触角棍棒状。前胸发达，前缘呈半月形，其上密生点刻如细沙状。鞘翅近长方形，其前缘向下弯曲将腹部包住，故有翅不能飞翔。足上生有黄色细毛。腹部背板黄褐色，腹部腹面可见5节，末端第二节甚小。

2. 卵 椭圆形，乳白色，表面光滑，长1.2～1.5毫米，宽0.7～0.9毫米。

3. 幼虫 初孵幼虫体长2.8～3.6毫米，乳白色；老熟幼虫体长15～18.3毫米，体细长与金针虫相似，深灰黄色，背板色深。足3对，前足发达，为中、后足长度的1.3倍。腹部末节小，纺锤形，背板前部稍突起成一横沟，前部有褐色钩形纹1对，末端中央有隆起的褐色部分。

4. 蛹 长6.8～8.7毫米，宽3.1～4毫米。裸蛹，乳白色并略带灰白，羽化前深黄褐色。腹部末端有2钩刺。

【生活习性】 在东北、华北地区1年发生1代，以成虫在土中、土缝、洞穴和枯枝落叶下越冬。翌年春季3月下旬杂草发芽时，成虫大量出土，取食蒲公英、野蓟等杂草的嫩芽，并随即在菜地危害蔬菜幼苗。成虫在3～4月份活动期间交配，交配后1～2天产卵，卵产于1～4厘米深的表土中。幼虫孵化后即在表土层取食幼苗嫩茎嫩根，幼虫6～7龄，历期25～40天，具假死习性。6～7月份幼虫老熟后，在5～8厘米深处做土室化蛹，蛹期7～11天。成虫羽化后多在作物和杂草根部越夏，秋季向外转移，危害秋苗。沙潜性喜干燥，一般发生在旱地或较黏性土壤中。成虫只能爬行，假死性特强。成虫寿命较长，最长的能跨越 4 个年度，连续 3 年都能产卵，且孤雌后代成虫仍能进行孤雌生殖。

【发生规律】 主要在 4 月份危害刚出土的幼苗。

【防治方法】

1. 农业防治 除轮作倒茬，加强栽培管理。

2. 化学防治 用辛硫磷 500 倍液灌根，或每 667 米^2 用 50% 辛硫磷乳油 150～200 毫升，加切碎的菜叶做成毒饵，于傍晚撒施，可防治入土幼虫。

（七）根 瘤 象

【症 状】 根瘤象主要在 5～8 月份危害黄芪根茎韧皮部，易造成大量缺苗，影响出苗率及黄芪的正常生长。

【形态特征】

1. 成虫 体长 6.15 ± 0.65 毫米，体宽 2.4 ± 0.4 毫米，窄卵形，刚羽化的成虫呈褐色，逐渐变为灰褐色或黑褐色，头部向下延伸成象鼻状，复眼突出、黑色。喙短而粗，喙和头部的长度约为体长的 1/5；触角膝状，端部呈棒状，索节 7 节。前胸宽小于长，稍凸圆，最宽处位于中间，后端宽大于前端。前胸背部有 3 条暗褐色宽纵带。鞘翅肩区比前胸后缘宽，肩明显；每一鞘翅上有 8 列刻点行，行间平行，靠近中缝的刻点列清晰，靠近侧缘的刻点列较暗。全身被覆灰白发金黄色光泽鳞片和褐色鳞片。腹部靠近尾端有 1 行横纹。

2. 卵 散生，卵圆形，长轴长 0.42 ± 0.02 毫米，短轴长 0.32 ± 0.01 毫米，初产时半透明，淡黄白色，6～10 小时后逐渐变为黑色而有光泽，卵壳外层偶有淡绿色附着物。

3. 幼虫 呈乳白色，头部呈黄褐色，背部隆起向下弯曲，胸足退化，体节共 11 节，每节腹部都有左右对称的刚毛。初孵幼虫白色，体长 0.42 ± 0.02 毫米；老熟幼虫体长可达 8.5 毫米，化蛹前体黄白色略带粉色，尾部钝圆。

4. 蛹 长 5.75 ± 0.75 毫米，体宽 3.2 ± 0.3 毫米，椭圆形，初时为乳白色，后呈褐色，触角及复眼显著突出，管状缘紧贴在胸部腹面，腹部末节有刺突 1 对。

卵期产卵高峰在 5 月中旬，卵产于黄芪根部周围 1～2 厘米较为疏松的土壤或土壤缝隙。室内常温下观察，幼虫孵化全天均可发生，卵期 6～11 天。

【生活习性】

1. 幼虫期 幼虫孵出后，即在黄芪根部蛀食韧皮部，之后取食木质部，幼虫多集中在 10 厘米以上土层活动，通常 1 株黄芪的根部有 2～4 头幼虫蛀食，危害状较规则，表现垂直于根部的圆形或椭圆形的小坑（洞），严重时根部圆坑连成片状，形成典型的黄芪"麻口"病症状；6～10 月调查结果表明，黄芪被害指数最高可达 75.78，幼虫的危害高峰在 7 月中旬，部分孵化较迟，不能羽化的幼虫于 10 月后在土壤中越冬。

2. 蛹期 幼虫老熟后，最早于 7 月上旬，以根部周围 5 厘米左右土层作为土室化蛹，化蛹盛期在 7 月下旬，成虫羽化最早在 7 月上旬，羽化盛期在 8 月下旬至 9 月上旬。

3. 成虫期 3 月下旬随着温度升高，越冬成虫陆续出土活动，4 月上旬开始聚集在较早出苗的黄芪根部土壤 1～2 厘米处，白天温度适宜时出土活动，成虫有较弱的飞行能力，飞行距离较近，一般一次能飞 1 米左右。成虫取食一段时间后开始交尾、产卵。当年羽化的成虫最早于 7 月上旬出现，羽化盛期在 8 月下旬至 9 月上旬。刚羽化的成虫呈褐色，后逐渐变为灰褐色或黑褐色。羽化出的成虫白天多栖息在植株下、土缝中或杂草下较为阴凉的地方，夜间取食黄芪叶片，10 月份以后成虫逐渐潜伏越冬。

成虫产卵规律：对土样（每份 2.5 千克）的调查结果显示，越冬成虫产卵开始于 4 月上旬，4 月 9 日每份土样的产卵量为 2.1 粒，然后缓慢上升；至 5 月上旬后产卵量大幅增加，呈急速增长趋势，5 月 19 日每份土样的产卵量达 212.2 粒；5 月中旬后产卵量呈下降趋势，至 7 月 29 日每份土样的产卵量仅为 0.2 粒。同时，7 月份后当年成虫羽化出土，当年成虫羽化高峰期出现在 9 月份，但在 8 月份至收获前的 9 次调查中，所调查土样未发现虫卵。

越冬规律：在越冬调查时间段（第一年 11 月上旬至第二年 3 月下旬）内，该虫越冬虫态仅有幼虫和成虫，越冬虫态未发现蛹。在调查时间段内，每平方米土样的越冬幼虫数量最低为 1.00 头，最高为 5.67 头；每平方米土样的越冬成虫数量最低为 1.33 头，最高为 14.67 头。

年生活史：据观察，黄芪根瘤象在甘肃 1 年发生 1 代，以不能羽化的幼虫和成虫越冬。越冬成虫在 3 月下旬地表温度升高后开始陆续出土活动，白天聚集在较早出苗的黄芪根部周围，夜间取食嫩叶。当营养物质积累到一定量后开始产卵，产卵始于4月上旬，产卵盛期在5月中旬；幼虫高峰期出现在7月中旬；蛹始见于7月上旬，化蛹盛期在7月下旬；成虫羽化最早在7月上旬，羽化盛期在8月下旬至9月上旬；部分不能羽化的幼虫和成虫10月中旬后开始越冬。

【发生规律】 该虫害在甘肃省黄芪种植区较常见。根据田间普查结果，在甘肃天水、定西、陇南、武都等地均有发生，田间发病率在10%～100%。对黄芪的质量和产量造成严重影响。

1年发生1代，越冬成虫早期所产的卵于4月下旬开始孵化，幼虫孵出后，在黄芪根部钻洞蛀食，幼虫的危害高峰出现在7月中旬。老熟幼虫最早于7月上旬在5厘米深土层做土室化蛹，化蛹盛期在7月下旬，成虫羽化最早出现在7月上旬，羽化盛期出现在8月下旬至9月上旬，10月份以后成虫和幼虫逐渐潜伏越冬。

越冬成虫在3月下旬地表温度升高后开始陆续出土活动，聚集在较早出苗的黄芪根部周围取食嫩叶。当营养物质积累到一定量后开始产卵，产卵盛期出现在5月份。而当年成虫羽化最早出现在7月上旬，羽化盛期在8月下旬至9月上旬；同时根据调查，8～10月份的9次调查中未发现黄芪根瘤象产卵。因此，产卵成虫为越冬成虫。

研究表明，自然条件下越冬成虫在产卵高峰结束后会陆续死亡；但当年羽化的成虫从7月上旬开始又会陆续增多，成为第二年的越冬成虫。这段时间内可以同时观察到越冬成虫和当年羽化的成虫。因此，在黄芪种植田中黄芪根瘤象一年四季均有存在。

【防治方法】　①生产上可参照其生活史进行防治。目前对黄芪根瘤象研究较少，生产上也缺少有效、低残留的防治药剂。可根据其生活史为参照，进行药物防治。②移栽前用5%丁硫克百威颗粒剂3千克/667米^{2}进行土壤处理，6月中上旬使用15%阿维·毒死蜱乳油2千克/667米^{2}灌根1次。无论仅土壤处理或者土壤处理与灌根相配合，均能够显著大幅挽回损失。

（八）地 老 虎

地老虎属夜蛾科，成虫口器发达，多食性作物害虫，种类很多，农业作物造成危害的有10余种。其中小地老虎、黄地老虎、大地老虎、白边地老虎和警纹地老虎等尤为重要。均以幼虫危害。寄主和危害对象有棉、玉米、高粱、粟、麦类、薯类、豆类、麻类、苜蓿、烟草、甜菜、油菜、瓜类及多种蔬菜等。药用植物、牧草和林木苗圃的实生幼苗也常受害。多种杂草常为其重要寄主。

【症　状】　幼虫将幼苗近地面的茎部咬断，使整株死亡，造成缺苗断垄。

【形态特征】

1. 成虫　体长17～23毫米、地老虎翅展40～54毫米。头、胸部背面暗褐色，足褐色，前足胫、跗节外缘灰褐色，中后足各节末端有灰褐色环纹。前翅褐色，前缘区黑褐色，外缘以内多暗褐色；基线浅褐色，黑色波浪形内横线双线，黑色环纹内有一圆灰斑，肾状纹黑色具黑边、其外中部一楔形黑纹伸至外横线，中横线暗褐色波浪形，双线波浪形，外横线褐色，不规则锯齿形亚外缘线灰色、其内缘在中脉间有3个尖齿，亚外缘线与外横线间在各脉上有小黑点，外缘线黑色，外横线与亚外缘线间淡褐色，亚外缘线以外黑褐色。后翅灰白色，纵脉及缘线褐色，腹部背面灰色。

2. 生活习性　成虫的趋光性和趋化性因虫种而不同。小地老虎、黄地老虎、白边地老虎对黑光灯均有趋性；对糖酒醋液的趋性以小地老虎最强；黄地老虎则喜在大葱花蕊上取食。卵多产在土表、植物幼嫩茎叶上和枯草根际处，散产或堆产。三龄前的幼虫多在土表或植株上活动，昼夜取食叶片、心叶、嫩头、幼芽等部位，食量较小。三龄后分散入土，白天潜伏土中，夜间活动危害，常将作物幼苗齐地面处咬断，造成缺苗断垄。有自残现象。

地老虎的越冬习性较复杂。黄地老虎和警纹地老虎均以老熟幼虫在土下筑土室越冬。白边地老虎则以胚胎发育晚期而滞育的卵越冬。大地老虎以三至六龄幼虫在表土或草丛中越夏和越冬。小地老虎越冬受温度限制：1月份0℃（北纬33°附近）等温线以北不能越冬；以南地区可有少量幼虫和蛹在当地越冬；而在四川则成虫、幼虫和蛹都可越冬。关于小地老虎的迁飞性，已引起普遍重视。1979—1980年我国有关科研机构用标记回收方法，首次取得了越冬代成虫由低海拔向高海拔迁飞直线距离22～240千米和由南向北迁飞490～1818千米的记录，并查明1月份10°

等温线以南的华南危害区及其以南是国内主要虫源基地，江淮蛰伏区也有部分虫源，成虫从虫源地区交错向北迁飞危害。

【发生规律】　初夏期间，危害黄芪幼苗。

【防治方法】

1. 清洁田园　一是铲除菜地及地边、田埂和路边的杂草；实行秋耕冬灌、春耕耙地、结合整地人工铲埂等，可杀灭虫卵、幼虫和蛹。二是种植诱集植物，在华北地区利用小黄地老虎喜产卵在芝麻幼苗上的习性，种植芝麻诱集产卵植物带，引诱成虫产卵，在卵孵化初期铲除并携出田外集中销毁，如需保留诱集用芝麻，在三龄前喷洒 90% 晶体敌百虫 1 000 倍液防治。

2. 诱杀　用糖醋液、频振式杀虫灯诱杀成虫、黑光灯诱杀越冬代成虫，在春季成虫发生期设置诱蛾器（盆）诱杀成虫。采用新鲜泡桐叶，用水浸泡后，每 667 米 ^{2} 放置 50～70 片叶，于一代幼虫发生期的傍晚放入菜田内，次日清晨人工捕捉。也可采用鲜草或菜叶每 667 米 ^{2} 放置 20～30 千克，在菜田内撒成小堆诱集捕捉。

3. 药剂防治　在幼虫 3 龄前施药防治，可取得较好效果。每 667 米 ^{2} 用 2.0～2.5 千克 2.5% 敌百虫粉剂喷粉。可撒施毒土，每 667 米 ^{2} 用 2.5% 敌百虫粉剂 1.5～2 千克加 10 千克细土制成毒土，顺垄撒在幼苗根际附近，或用 50% 辛硫磷乳油 0.5 千克加适量水喷拌细土 125～175 千克制成毒土，每 667 米 ^{2} 撒施毒土 20～25 千克，散后中耕松土。发生期间用 0.2% 苦参碱水剂 1 000 倍液喷灌受害植株周围的土壤。喷雾防治可用90%敌百虫晶体800～1000倍液、50%辛硫磷乳油800倍液、50%杀螟硫磷乳油1000～2000倍液、20%氰戊·杀螟松乳油1000～1500倍液、2.5%溴氰菊酯乳油3000倍液喷雾。毒饵多在3龄后开始取食时应用，每667米²用2.5%敌百虫粉剂0.5千克或90%晶体敌百虫1000倍液均匀拌在切碎的鲜草上，或用90%晶体敌百虫加水2.5～5千克，均匀拌在50千克炒香的麦麸或碾碎的棉籽饼（油渣）上，或用50%辛硫磷乳油50克拌在5千克棉籽饼上，制成的毒饵于傍晚在菜田内每隔一定距离撒成小堆。在虫龄较大、危害严重的菜田，可用80%敌敌畏乳油或50%辛硫磷乳油或50%二嗪磷乳油1000～1500倍液灌根。

（九）蛴 螬

蛴螬是鞘翅目金龟甲的幼虫，别名白土蚕、核桃虫。成虫通称为金龟甲或金龟子，有四十余种。

【症　状】　蛴螬咬食幼苗嫩茎，黄芪根被钻成孔眼，当植株枯黄凋萎时，其又转移到别的植株继续危害。此外，因蛴螬造成的伤口还可诱发病害发生。根部被钻成孔眼后，伤口愈合留下的凹穴，极大地影响了根的质量。

【形态特征】　蛴螬体肥大，弯曲呈"C"形，多为白色，少数为黄白色。头部褐色，上颚显著，腹部肿胀。体壁较柔软多皱，体表疏生细毛。头大而圆，多为黄褐色，生有左右对称的刚毛，刚毛数量的多少常为分种的特征。如华北大黑鳃金龟的幼虫为3对，黄褐丽金龟幼虫为5对。

蛴螬具胸足 3 对，一般后足较长。腹部 10 节，第十节称为臀节，臀节上生有刺毛，其数目的多少和排列方式也是分种的重要特征。

【发生规律】 成虫交配后 10～15 天产卵，产在松软湿润的土壤内，以水浇地最多，每头雌虫可产卵 100 粒左右。蛴螬年发生代数因种、因地而异。其生活史较长，一般 1 年 1 代，或 2～3 年 1 代，长者 5～6 年 1 代。蛴螬共 3 龄，一、二龄期较短，三龄期最长。

【防治方法】 蛴螬种类多，在同一地区同一地块，常为几种蛴螬混合发生，世代重叠，发生和危害时期很不一致，因此只有在普遍掌握虫情的基础上，根据蛴螬和成虫种类、密度、作物播种方式等，因地因时采取相应的综合防治措施，才能收到良好的防治效果。

1. 做好预测预报工作 调查和掌握成虫发生盛期，采取措施，及时防治。

2. 农业防治 实行水、旱轮作；不施未腐熟的有机肥料，以防止招引成虫来产卵；精耕细作，及时镇压土壤，清除田间杂草；大面积春、秋耕，并跟犁拾虫。发生严重的地区，秋冬翻地可把越冬幼虫翻到地表使其风干、冻死或被天敌捕食，机械杀伤，防效明显。

3. 药剂处理土壤 每 667 米^2 用 50% 辛硫磷乳油 200～250 克，加水 10 倍喷于 25～30 千克细土上拌匀制成毒土，顺垄条施，随即浅锄，或将该毒土撒于种沟或地面，随即耕翻或混入厩肥中施用；每 667 米^2 用 5% 辛硫磷颗粒剂或 5% 二嗪磷颗粒剂 2.5～3 千克处理土壤。

4. 药剂拌种 用 50% 辛硫磷粒剂与水和种子按 1∶30∶400～500 的比例拌种，也可用 25% 辛硫磷胶囊剂与水和种子按 1∶40∶400～500 的比例拌种，还可兼治其他地下害虫。

5. 毒饵诱杀 每 667 米^2 地用 25% 辛硫磷胶囊剂 150～200 克拌谷子等饵料 5 千克，或 50% 辛硫磷乳油 50～100 克拌饵料 3～4 千克，撒于种沟中，亦可收到良好防治效果。

6. 物理防治 有条件地区，可设置黑光灯诱杀成虫，减少蛴螬的发生数量。

7. 生物防治 利用茶色食虫虻、金龟子、黑土蜂、白僵菌等进行防治。

第六章
黄芪采收与初加工

一、采 收

黄芪的采收要以药用有效成分含量最高时进行最好，但是由于季节与生产条件因数的影响，不能完全做到，这就要求我们适时采收。种植黄芪可收获根、叶、种子。下面就不同部位采收期进行说明。

（一）采 收 期

1. 根 春秋均可采收，秋季9～11月份采收，春季越冬芽萌动前采收；也可以按照春季在解冻后出苗前采收，秋季在枯萎后采收的标准进行采收。以秋季采收（9月份）质量好，此时黄芪皂苷含量高。据调查，不同时期采收，黄芪根的质量和产量不同，适期采收，根的折干率高，坚实，粉性适中，品质好，产量高。

黄芪播种后1～7年均可收获。在气温较高、土质较差的地方，一般播后1～2年收获；但在冷凉肥沃的山区腐殖质土种6～7年的根仍然充实，而不木质化，以3～4

年生质量最好，一般2～3年采收。种植年限太长，根部黑心、纤维增加，质量降低。

近几年来许多地方都提前收获，如蒙古黄芪在一些地方多采用育苗移栽，即育苗1年再移栽培育1年就挖收。膜荚黄芪在河北安国一带只种1年就采收。据测定，不同年龄黄芪的氨基酸含量，结果表明3年生的含量最高。可见就利用黄芪中的氨基酸而言，应采收3年生的为最佳，1年生的次之，2年生的最低。

黄芪为根类药，根的有效成分积累相对较高。黄芪的采收主要是黄芪根的挖取，采收要注意：采收期要根据传统的经验和有效成分含量积累的动态规律来确定；不同栽培区采收时间不一样，应根据当地的生物物候期决定采收时间。

2. 叶 黄芪的叶可入药、制茶及作保健品的原料，用途广泛，具有一定经济价值。随着黄芪叶片药理作用与产品开发研究的深入，黄芪叶的用途会越来越广泛。

叶片采收在黄芪种植的每年均可进行，一般在7月中下旬，叶片全盛期采收，采收早则叶片嫩，采收期晚则叶片老。

3. 种子 采种宜选择3年生7～9月间品种纯正、特征明显、高矮适中、无病虫害、生长健壮的优良单株黄芪作母株在秋天采收。

（二）采收方法

1. 根 选择晴天进行。先将黄芪地上部用镰刀割去。

采用挖掘方式，挖时宜深刨，以防折断根部。可从畦的一端进行采挖，深度由根长而定，当根全部露出以后，顺垄逐株小心地取出全部根系，去掉泥土运回；也可在畦的一边开沟，深挖60～70厘米，将根挖出，防止挖断主根或碰破外皮。大田生产可用机械收获，节省人工，降低成本，收获质量好。

一般每667米²产干黄芪根400～500千克。以身条干、粗长、质坚而绵、味甜、粉性足者为佳。如根形不好、短粗、叉根多的，可切片晒干。

2. 叶 叶片采收时，可以根据具体用途确定采收方法。如果作为原料用，可以连茎一起收割然后晾晒。如果制茶，可单独采收叶片新鲜加工处理。需要注意，如果黄芪叶有病害，则不能采用。

3. 种子 在果荚下垂且黄熟、种子变褐时立即采收，随熟随采。

二、初 加 工

（一）加工方法

首先要选取无公害、无污染的优质原料；其次，要防止二次污染，即加工厂的生产环境要整洁，厂区的地面、路面及运输等不应对药材的生产造成污染，与药品直接接触的设备表面应光洁、平整、易清洗消毒，耐腐蚀，不与药材发生化学变化或吸附药材，加工用水要纯净无污染。

黄芪根部挖出后，去掉根上附着的茎叶，除去泥土，趁鲜切去根茎（芦头），剪光须根，即行晾晒，待晒至六七成干时，将根理直，扎成小把，再晒至全干，也可切成饮片供药用。晾晒时应避免强光暴晒而发红，放在通风的地方，其上可平铺一层白纸，晒至全干或烘干即成。

挑选分级的黄芪在太阳下晒到含水七成时搓条。在晒干的过程中反复搓2～3次，搓条能使黄芪外观性状整齐一致，便于进一步加工和贮运。搓条是将晒至七成左右的黄芪取1.5～2千克，用无毒编织袋包好，放在平整的木板上来回揉搓，搓到条直、皮紧实为止。然后将搓好的黄芪摊平晾在洁净的场院内，晒2天，进行第二次搓条。

（二）药材质量标准

黄芪药材以粗壮、质硬、粉性足、味甜者为佳，要求做到干燥、无芦头、无须根、不霉、不焦、无泥、无杂质。干燥的根，一般呈圆柱形，极少有分支，上端较粗下端较细，两端平坦，长20～70厘米，直径1～3厘米。一般在顶端有较大的根头，并有茎基残留，表面灰黄色或淡棕褐色，全体有不整齐的纵皱纹或纵沟，皮孔横向细长，略突起，质硬而略韧，坚实有粉性，折断面纤维性强，呈毛茬。皮部黄白色，有放射状弯曲的裂隙，较疏松；木质部淡黄色或棕黄色，也有放射弯曲状的裂隙；如若是老根，断面木质部呈黑褐色枯朽状，甚至脱落呈黑洞，气微而特异，味微甜，嚼之有豆腥味。以根条粗大，质坚而绵软不宜折断，断面黄色，有菊花心，粉性大，味甜，无黑心、空心者为佳。

　　蒙古黄芪呈圆柱形，条直，稍有分支，上端较粗，未去根头者残留茎基较多，全长40～90厘米，粗端直径1.2～3.5厘米。表面淡黄色至棕褐色，稍粗糙，有明显的纵皱纹和横长皮孔。质硬而韧，不易折断，段面纤维状强，富粉性，切断面皮部浅褐色，占半径的2/5～3/5，有不规则弯曲的径向放射裂隙，本部淡黄色，有规则放射纹理及裂隙，老根中心多枯朽或空洞状，褐色。气微，味甜，嚼之有豆腥味。

　　膜荚黄芪与蒙古黄芪的根类似。唯表面一般呈棕褐色至黑褐色，未去根头者残留茎基较少，主茎基明显，质地稍坚硬。

　　《中华人民共和国药典》（2015版）规定黄芪根性状：呈圆柱形，有的有分支，上端较粗，长30～90厘米，直径1～3.5厘米。表面淡棕黄色或淡棕褐色，有不整齐的纵皱纹或纵沟。质硬而韧，不易折断，断面纤维性强，并显粉性，皮部黄白色，木部淡黄色，有放射状纹理和裂隙，老根中心偶呈枯朽状，黑褐色或呈空洞。气微，味微甜，嚼之微有豆腥味。

　　《中华人民共和国药典》（2015版）规定黄芪饮片质量标准：本品呈类圆形或椭圆形的厚片，外表皮黄白色至淡棕褐色，可见纵皱纹或纵沟。切面皮部黄白色，木部淡黄色，有放射状纹理及裂隙，有的中心偶有枯朽状，黑褐色或呈空洞。气微，味微甜，嚼之有豆腥味。

　　《中华人民共和国药典》（2015版）规定黄芪检查、浸出物、含量测定要求：水分不得过 10.0%，总灰分不得超过 5.0%。重金属及有害元素限量，铅不得过 5 毫克 / 千克，镉不得过 0.3 毫克 / 千克，砷不得过 2 毫克 / 千克，汞不得过 0.2 毫克 / 千克，铜不得过 20 毫克 / 千克。有机氯农药残留规定，含总六六六不得过 0.2 毫克 / 千克，总滴滴涕不得过 0.2 毫克 / 千克，五氯硝基苯不得过 0.1 毫克 / 千克。浸出物不得少于 17.0%。含黄芪甲苷不得少于 0.040%，毛蕊异黄酮葡萄糖苷不得少于 0.020%。

（三）药材商品规格

1. 商品的种类 商品黄芪分为野生品和栽培品，多呈圆柱形，极少有分支，上粗下细，长 10～90 厘米，直径 1～3.5 厘米。表面灰黄色或淡棕褐色，有纵皱纹及横向皮孔。质硬略韧，断面纤维性，并显粉性，皮部黄白色，木部淡黄色，有菊花心，显放射状纹理及裂隙。气微，味微甜。

黄芪因分布区域广泛，应用广泛，故商品品种较为复杂，大致可分为黑皮芪、白皮芪和红芪 3 类。

（1）黑皮芪

①卜奎芪 系主产于以黑龙江齐齐哈尔（卜奎）为中心，包括甘南、富裕、嫩江；内蒙古莫力达瓦、扎兰屯等地的黄芪，系野生膜荚黄芪斩去头尾生晒品。其性状特征为：呈长圆柱形，偶有分支，顺直或略弯曲，长 35～70 厘米，直径 1～2.5 厘米，芦茎切口正圆形，中央枯空呈黑褐色洞，习称"空头"，但不深（约 5 厘米）。表面灰黑，质轻坚重，不易折断，断面纤维性且有粉性；皮部稍松，

白色或淡黄白色；木部较紧结，黄色，习称"皮松肉紧"。味甘香，嚼之少渣，有豆腥味。

②宁古塔芪　系主产于以黑龙江东部宁安（宁古塔）、牡丹江为中心，包括完达山区、张广才岭山区、长白山区延边地区的黄芪，亦系野生膜荚黄芪斩去头尾生晒品，其性状特征与卜奎芪近似。

③正口芪　产于内蒙古海拉尔、扎兰屯、牙克石、兴和、鄂伦春旗、博克图等地。性状与卜奎芪相似。因其过去多经独石口入关集散而得名。亦为膜荚黄芪野生品。另外，过去正口芪尚包括内蒙古武川、卓资、正红旗、正蓝旗所产的野生蒙古黄芪，商品名为"红蓝芪"，见黄皮芪。

④冲正芪　系产于山西雁北地区的浑源、应县、天镇；忻州地区的代县、宁武、繁峙及沁县，介休、阳高等地的蒙古黄芪栽培品中选粗大、皮细嫩者，经加工、染色后所得。商品呈长条圆柱形，顺直，单支或间有分支，芦头切除，尾端修净，根头切口处呈扁圆形，中央空心或呈棕黄色枯朽。长60～90厘米，根头下10厘米处直径1.8～2.8厘米。表面染成深蓝黑色，摸之手染有蓝黑色。质柔而韧，断面纤维性，皮部黄白色，木部金黄色、较鲜，习称"金盏银盘"。气香、味甜有豆腥味而较纯。

（2）白皮芪

①原皮芪　产地来源同冲正芪，但直接带芦头生晒即可，原皮芪商品呈长条圆柱形，单支或间有分支，顶端带有稍扁而略岔开的芦头，芦头上有茎基残痕，中央枯空较深，老条的枯空深达15厘米以上。长40～80厘米，芦头

下 10 厘米处直径1.5～3 厘米。表面灰黄色或黄白色，较光滑。质较柔软而韧，断面纤维性，略显疏松，皮部松软，淡黄白色，木部黄色，菊花心明显。具豆腥香气，味甜而有较浓的生豆腥味。

②红蓝芪　系内蒙古武川、卓资、正红旗、正蓝旗等地所产的野生蒙古黄芪去芦头晒干所得。商品呈圆柱形，有的扭曲，多为单支，头尾切去，根头部切口显较大的空洞，空头较深。长 45～70 厘米，直径 1.8～3 厘米。表面灰黄色，较粗糙。根头处可见显网状纹。质较硬，折断纤维性较强，断面皮部灰白色，木部黄色，菊花心明显，常有小扎，略有粉性。气微香，味甜，有豆腥味。

③炮台芪　产地来源同冲正芪，系选栽培品中条匀皮嫩者用沸水撩过，搓至顺直，斩去芦头至无空头即可。商品呈匀条圆柱形，顺直，单支头尾修切较净，根头切口处不显空头，头尾粗细差距不大。长 40～60 厘米，直径1.5～2 厘米。表面灰黄色，较光滑。质柔嫩，断面纤维性不强，皮部黄白色，木部较细密，金黄色，"金盏银盘"明显。气香，味甜，有豆腥味而品质较纯。

④其他　非主流商品产地如陕西、山东、河北、内蒙古等地所产商品（多为引种的蒙古黄芪）。多呈圆柱形，主根长短不一，多分支或较少分支，主根直径 0.8～2 厘米。表面黄白色，有细皱纹，皮纹较紧结。质坚硬，不易折断，折断面纤维性. 切面皮部黄白色，木部黄色。气香，味微甜，有豆腥味。

各地所产引种黄芪区别如下：

内蒙古引种黄芪：条较顺直而稍长，分支亦较少，长30～45厘米，头部直径1～1.8厘米，质较绵软。

陕西引种黄芪：条呈上粗下细，主根明显，下端有分支，长25～40厘米，根头部直径0.8～1.5厘米，皮纹紧结，皮孔明显，质坚硬。

山东引种黄芪：主根短而不明显，分叉甚多，形如鸡爪，皮纹紧结，质坚硬，味甜较淡。

（3）红芪 为多序岩黄芪的干燥根，多为野生。主产于甘肃岷县、宕昌、舟曲、临潭、德乌鲁市、漳县、西和、礼县、会川、武山等地，四川茂汶等地亦产。根呈圆柱形，长40～60厘米，直径1～3厘米。外皮红褐色，皮紧，皱纹紧密而深。质硬而韧，断面显菊花心，纤维性小而粉性大。气微，味甜，嚼之有渣。以皮色红润、根条均匀、坚实、粉性足者为佳。

黄芪商品分类复杂，除以上分类品种外，又有生晒芪及熟芪之分。熟芪指炮台芪及冲正芪（因之加工时用沸水撩过），其余则为生晒芪。在产地上，将卜奎芪、宁古塔芪、正芪划为"关芪"，其余为山西芪等。

野生黄芪与栽培黄芪 因产地不同而有不同的名称。例如，内蒙古武川等地的野生黄芪称"红蓝芪"、"正口芪"；山西产的野生黄芪称为"太原芪"；黑龙江产的黄芪，分别称为"卜宁芪"（产于齐齐哈尔一代）和"宁古塔芪"（宁安市）。

栽培的黄芪产于山西的为"原生芪"。当把黄芪从地中挖出后，去净残茎、根须、切下芦头，抖净泥土，然后进行晾晒至半干；堆积1～2天再晒，待晒至七八成干时，剪去须根和侧根，扎成小捆，再晾至全干，即为生黄芪。栽培的黄芪选粗大、皮细嫩的用沸水撩过，搓直，以当地的乌青叶煎汁，加青矾、五倍子染黑外皮，斩去芦头，称为"冲正芪"；栽培的黄芪选条匀皮嫩的用沸水撩过，搓至顺直，斩去芦头至无空头为度，称为"炮台芪"。以上2种黄芪因为用沸水撩过，当地称为熟芪。

2. 黄芪的等级规格标准　黄芪以无芦头、尾梢、须根、枯朽、虫蛀及霉变为合格。以条粗、皱纹少、段面色黄白、粉性足、味甜者为优。

（1）黄芪的商品质量　共分4个等级。

特级干货：呈圆柱形的单条，切去芦头，顶端间有空心。表面灰白色或淡褐色，质硬而韧。断面外层白色，中部淡黄色或黄色，有粉性。味甘，有生豆气。长70厘米以上，上中部直径2厘米以上，末端直径不小于0.6厘米，无根须、老皮、虫蛀、霉变。

一级干货：呈圆柱形的单条，切去芦头，顶端间有空心。表面灰白色或淡褐色，质硬而韧。断面外层白色，中部淡黄色或黄色，有粉性。味甘，有生豆气。长50厘米以上，上中部直径1.5厘米以上，末端直径不小于0.5厘米，无根须、老皮、虫蛀和霉变。

二级干货：呈圆柱形的单条，切去芦头，顶端间有空心。表面灰白色或淡褐色，质硬而韧。断面外层白色，中部淡黄色或黄色，有粉性。味甘，有生豆气。长40厘米以上，上中部直径1厘米以上，末端直径不小于0.4厘米，间有老皮，无根须和霉变。

三级干货：呈圆柱形的单条，切去芦头，顶端间有空心。表面灰白色或淡褐色，有粉性。味甘，有生豆气。不分长短，上中部直径 0.7 厘米，末端直径不小于 0.3 厘米，间有破短节子，无根径、虫蛀和霉变。

（2）黄芪的出口规格

①原生芪　根粗壮顺直，表面为土黄色，皮细、质坚、粉性足。木质部浅黄色，无芦头，无断条碎条，无毛须疙瘩及节子。

一等：头部斩口下 3.5 厘米处，根的直径应在 2 厘米以上，根的长度 18 厘米以上。

二等：头部斩口下 3.5 厘米处，根的直径应在 1.5～2 厘米，根的长度 18 厘米以上。

三等：头部斩口下 3.5 厘米处，根的直径应在 1～1.5 厘米，根的长度 18 厘米以上，允许有直径 0.5～1 厘米的不超过 10%。

②正牌黑皮芪（即原冲正芪）　根的外皮应染成黑色，无支叉，顺直，粉性足，口面平正（不得有马蹄形），内部颜色新鲜，黄白色或淡黄色，无虫蛀及破伤。

一等：直径应在 1.5 厘米以上，根的长度 18～70 厘米。

二等：直径应在 1.2～1.4 厘米，根的长度 18～70 厘米。

三等：直径应在 1 厘米以上，不包括 1 厘米，根的长度 18～70 厘米。

四等：直径应在 1 厘米以下，不包括 1 厘米，根的长度 18～70 厘米。

③天津口岸出口规格　上黄色，细皮，质坚粉足，粗

壮顺直，内色浅黄色，斩上芪头，无断条碎条，无毛须疙瘩及节子。

一等：头部斩口对下 3.5 厘米处直径 2 厘米以上，长度 18 厘米以上。

二等：头部斩口对下 3.5 厘米处直径 1.5 厘米以上至 2 厘米，长度 18 厘米以上。

三等：头部斩口对下 3.5 厘米处直径 1 厘米以上至 1.5 厘米，长度 18 厘米以上。允许有直径 0.5～1 厘米的不超过 10%。

④正炮台芪　皮细，黄白色，内色淡黄色，质坚粉足，顺直，无支叉，口面平正（不得有马蹄形），色新，无霉蛀及破伤。包装为木箱装。

头层：12.5 千克，直径 1.2 厘米以上，长度 20～86 厘米。

二层：17.5 千克，直径 1～1.2 厘米，长度 18～86 厘米。

三层：20 千克，直径 0.8～1 厘米，长度 18～86 厘米。

各层装箱时要分清，每箱允许直径 1.2 厘米以上、长度 9 厘米以上的芪节 1.5～2.5 千克。

⑤副炮台芪　皮细，黄白色，内色淡黄色，质坚粉足，顺直，无支叉，口面平正（不得有马蹄形），色新，无霉蛀及破伤。

散支，木箱装，每箱净重 40 千克。

头层：10 千克，直径 1.2～1.5 厘米，长度 18～60 厘米。

二层：12.5 千克，直径 0.9～1.2 厘米，长度 18～60 厘米。

三层：17.5 千克，直径 0.6～0.9 厘米，长度 18～60

厘米。

每箱允许有 7 厘米以上的芪节 2～2.5 千克。

3. 伪品　黄芪商品中往往会掺有伪品。

（1）**出现伪品的原因**　采挖药材时，由于采挖者不熟悉黄芪，而误把其他植物作为黄芪采挖；一些不法商贩有意掺入伪品，将其他植物的根经过加工做成伪品。

（2）**伪品的种类**　市场上出现的伪品有圆叶蜀葵、紫苜蓿、草木樨、刺果甘草等。

（四）包装、贮藏和运输

黄芪加工后在包装、贮藏、运输过程中要防止病原微生物、农药化肥污染，贮藏中还要防止化学药剂污染等。

1. 包装　按级称重装袋，每袋 25 千克，误差控制在每袋 ± 100 克内，然后抽真空封口，装箱封口打包，箱外相应部位盖印等级、采收时间、生产日期、含水量。

2. 贮藏　贮存包装好的黄芪不能暴晒、风吹、雨淋，应妥善保管，在清洁和通风、干燥、避光及温度、湿度等符合黄芪贮存要求的专用库房内贮存，库房要设有通风窗，做到库内干燥，室内空气相对湿度应控制在 70% 以内，室内温度不超过 25℃。制定严格的仓储养护规程和管理制度。确定专人负责。

在贮存的 1～2 年内不使用任何保鲜剂和防腐剂。在贮存前先将地面清扫干净，铺一层薄膜，以防潮，在薄膜上铺上木板，将打成捆或装箱的黄芪架起，按不同规格堆成长、宽、高 3～4 捆（箱）的正方体，码起的药堆中间留 2 米宽的走廊，便于通风和防止发热。

贮藏期间，可按每 100 千克药材中放入干海带 1 千克的比例，摆放海带把。每隔 1 周将海带取出晾晒 30～40 分钟，然后重新放入所贮药材中，如此反复使用，可防治黄芪生虫与霉变，收效颇佳。也可用 10 000∶1 比例的荜澄茄挥发油密封熏蒸 6 天，则黄芪的霉菌含量大为减少，此法具有经济、实用、无残毒等优点。

3. 运输　装载和运输中药材的集装箱、车厢等运载容器和车、船等运输工具应符合车辆固定、清洁无污、通气性好、干燥防潮、温湿调控的要求。

药材产地和其他运输部门对运输车辆做到相对固定，便于对车辆进行清洗、消毒，以保证运载容器和运输工具的清洁，使运输的药材免遭污染；发运时尽可能采用药材单品种的批量运输，不与其他药材或非药材货物混装运输，以避免串味、混杂现象的发生。

参考文献

［1］中国科学院中国植物志编辑委员会．中国植物志 Vol.42（第一分册）［M］．北京：科学出版社，1993．

［2］黄朝晖．党参黄芪无公害高效栽培与加工［M］．北京：金盾出版社，2004．

［3］王良信．名贵中药材绿色栽培技术［M］．北京：科学技术文献出版社，2002．

［4］秦雪梅，李震宇，孙海峰，等．我国黄芪药材资源现状与分析［J］．中国中药杂志，2013，38（19）：3234-3238．

［5］王敖．蒙古黄芪和膜荚黄芪居群遗传多样性研究［D］．中央民族大学，2013．

［6］段琦梅．黄芪生物学特性研究［D］．西北农林科技大学，2005．

［7］孟繁武．恒山半野生黄芪栽培技术［J］．农业技术与装备，2014（9）：45-48．

［8］徐敬珲，刘效瑞，宋振华，等．黄芪新品种陇芪3号选育及规范化种植技术研究［J］．中药材，2013，36（9）：1392-1394．

［9］骆得功，韩相鹏，邓成贵，等. 定西市药用黄芪病害调查与病原鉴定［J］. 甘肃农业科技，2004（1）：38-40.

［10］陈泰祥，王艳，陈秀蓉，等. 甘肃省黄芪霜霉病病原鉴定及田间药效试验［J］. 中国中药杂志，2013，36（10）：1560-1563.

［11］张新瑞，李继平，李建军，等. 黄芪麻口病的成因及防治技术研究［J］. 植物保护，2013，39（6）：137-142.

［12］樊瑛，廖定熹. 危害黄芪种子的广肩种子小蜂属四新种［J］. 昆虫分类学报，1991（4）：285-293.